普通高等院校"新工科"系列精品教材

工业机器人操作编程及调试维护

主 编　陈绪林

副主编　鲁　鹏　艾存金

参 编　奚　陶　王盛学　付　强
　　　　刘　辉　李亚洲　付　健

西南交通大学出版社

·成　都·

图书在版编目（CIP）数据

工业机器人操作编程及调试维护 / 陈绪林主编. —
成都：西南交通大学出版社，2018.11
普通高等院校"新工科"系列精品教材
ISBN 978-7-5643-6605-6

Ⅰ. ①工… Ⅱ. ①陈… Ⅲ. ①工业机器人 – 高等学校
– 教材 Ⅳ. ①TP242.2

中国版本图书馆 CIP 数据核字（2018）第 272575 号

普通高等院校"新工科"系列精品教材

工业机器人操作编程及调试维护

主编　陈绪林

责任编辑	李晓辉
助理编辑	李华宇
封面设计	墨创文化

出版发行	西南交通大学出版社
	（四川省成都市二环路北一段 111 号
	西南交通大学创新大厦 21 楼）
邮政编码	610031
发行部电话	028-87600564　028-87600533
网址	http://www.xnjdcbs.com
印刷	四川森林印务有限责任公司

成品尺寸	185 mm × 260 mm
印张	11.75
字数	249 千
版次	2018 年 11 月第 1 版
印次	2018 年 11 月第 1 次
定价	29.80 元
书号	ISBN 978-7-5643-6605-6

前　言

自从我国于 2015 年提出了《中国制造 2025》发展纲领，制造业便引发了新一轮的产业升级，智能制造得到了极大发展。而工业机器人是智能制造的核心装备，广泛应用于工业制造。工业机器人经历了"示教再现机器人""简单智能机器人"阶段，正向"智能机器人"方向发展。智能机器人是机电、仿真传感、自适控制及信息化等技术集成的高端装备。工业机器人已经在工业生产中发挥重大作用，但很多企业严重缺少工业机器人使用编程及调试维护方面的人才。因此，教育部门紧跟时代发展的步伐，制定了适应智能制造需要的人才培养目标。虽然很多专业都开设了工业机器人技术方面的课程，但仍缺乏紧密联系生产实际的工业机器人综合技术的教材。因此，编写一本应用性强、综合性好的工业机器人技术教材是具有重要意义的。

本教材对工业机器人的结构、原理以及关键技术方面做了详细阐述；在安装、调试及编程应用方面，对一些实用技术进行了介绍，并对一些典型案例进行了深入分析；在维护及维修方面，对部件结构原理进行深入分析，列举很多常见故障，对解决故障的专业技术进行了阐述，这些专业技术有助于工程技术人员实际应用。通过学习本书，可以系统地掌握工业机器人的结构原理、编程使用及维护方面的综合知识。

本教材作者团队由专业教学经验的教师和具有工程实践经验的技术人员组成，由重庆文理学院机器人工程/机电工程学院陈绪林担任主编，重庆文理学院机器人工程/机电工程学院鲁鹏、艾存金担任副主编。重庆文理学院机器人工程/机电工程学院奚陶、王盛学、付强、刘辉以及重庆红江机械有限责任公司李亚洲、付健参加了本书的编写工作。全书共 10 章，具体分工如下：鲁鹏编写第 1 章，奚陶编写第 2 章、第 6 章，李亚洲编写第 3 章，王盛学编写第 4 章，艾存金编写第 5 章，陈绪林编写第 7 章，付强编写第 8 章，付健编写第 9 章，刘辉编写第 10 章。本书得到了中国科学院重庆绿色智能技术研究院何国田教授多次指导，在此表示衷心的感谢！

由于编者水平有限，书中难免存在一些不足之处，恳请读者批评指正。

编　者

2018 年 9 月

目　录

第 1 章　工业机器人概述

1.1　工业机器人发展概述

机器人英文为 Robot，实际是由捷克文 Robota（意为苦力，劳仆）而来，1920 年由捷克的一个科幻内容的话剧而得名。机器人是可编程的，具有人的某些功能，可以代替人进行某些工作。对于机器人的定义相当多，不同国家不同组织都有其定义。美国机器人工业协会给出的定义：机器人是一种用于移动各种材料、零件、工具或专用装置，通过可编程序动作来执行各种任务并具有编程能力的多功能机械手。日本工业机器人协会给出的定义：一种带有存储器件和末端操作器的通用机械，它能够通过自动化的动作替代人类劳动。我国科学家对机器人的定义：机器人是一种自动化的机器，所不同的是这种机器具备一些与人或生物相似的智能能力，如感知能力、规划能力、动作能力和协同能力，是一种具有高度灵活性的自动化机器。

1954 年，美国戴沃尔最早提出了工业机器人的概念，并申请了专利。该专利的要点是借助伺服技术控制机器人的关节，利用人手对机器人进行动作示教，机器人能实现动作的记录和再现。这就是示教再现机器人。现有的机器人差不多都采用这种控制方式。1959 年，Unimation 公司的第一台工业机器人在美国诞生，开创了机器人发展的新纪元，如图 1.1 所示。

图 1.1　第一台机器人 Unimate

虽然中国的工业机器人产业在不断进步中，但和国际同行相比，差距依旧明显。从市场占有率来说，更无法相提并论。工业机器人有很多核心技术，当前我们尚未掌握，这是影响我国机器人产业发展的一个重要瓶颈。

在世界范围内，机器人的占有量常常被用来评估一个国家的制造业的实力，目前日本机器人数量占世界第一。从技术进步的角度，机器人可分为不同类型，到现在为止，人们把机器人研究的最高目标定位智能型机器人。因此，可以将机器人分为三代。

第一代工业机器人：通常是指目前国际上商品化与使用化的"可编程的工业机器人"，又称"示教再现工业机器人"，即为了让工业机器人完成某项作业，首先由操作者将完成该作业所需要的各种知识（如运动轨迹、作业条件、作业顺序和作业时间等），通过直接或间接手段，对工业机器人进行"示教"，工业机器人将这些知识记忆下来后，即可根据"再现"指令，在一定精度范围内，忠实地重复再现各种被示教的动作，如图1.2所示。但是，有的喷涂车间所用的 Eisenmann（艾斯曼）喷涂机器人采用了离线编程技术，也就是不再采用"示教再现"这种方式，这种离线编程首先是将被喷绘的对象数字化。比如轿车，首先给出汽车的数字化模型，然后借助 CATIA 或者 AutoCAD 等软件进行数字化编程，在类似的仿真软件上不断修改路径与停留点，然后通过总线把这些编程结果传送给 Eisenmann 机器人控制器。1962年，美国万能自动化公司的第一台 Unimate 工业机器人在美国通用汽车公司投入使用，标志着第一代工业机器人的诞生。

（a）示教器示教 　　　　　　　　　　　（b）手把手示教

图 1.2　工业机器人示教

第二代工业机器人：是指具有一些简单智能（如视觉、触觉、力感觉等）的工业机器人。这种机器人能够了解环境，对环境的变化能够得以适应。最典型的莫过于对焊缝的跟踪技术。采用两个传感器就可以保证感知到焊缝的位置，并对运动进行反馈，使得焊接工件的一致性很好。由于对示教位置可以进行修正，即使实际位置有所改变，也使得机器人能很好地完成焊接任务，如图1.3所示。

第三代工业机器人：即智能机器人或自治机器

图 1.3　配备视觉系统的工业机器人

人。它不仅具有感知功能，而且还有一定的决策及规划能力。这些机器人具有多种传感器，对环境的信息能够及时反映到主控制器中，机器人能够判断自身所处的环境与状态。例如，机器人发现前方有障碍，它能够通过各方面的信息综合判断做出决策，以便避障，以及综合分析取最优策略。

目前，机器人已被广泛应用于工业、农业、医疗卫生和人民生活诸多领域。如图 1.4 所示，在制造业中，工业机器人在焊接、装配、搬运、装卸、铸造、材料加工、喷漆等领域的应用，已取得了显著的经济效益和社会效益。另外，机器人在众多新领域中获得了应用，如农林水产、土木建筑、运输、矿山、通信、煤气、自来水、原子能发电、宇宙开发、医疗福利以及服务等行业。现在，国内出现了机器人辅助外科治疗系统——射波刀、采摘机器人等。

（a）焊接机器人　　　　　　　　　　　（b）码垛机器人

图 1.4　工业机器人的应用

在未来的 100 年中，科学与技术的发展将会使机器人技术提升到一个更高的水平。机器人将会成为人类多才多艺、聪明伶俐的"伙伴"，更加广泛地参与人类各方面的生产活动和社会生活。

（1）机器人将更加广泛地代替人从事各种生产作业。

① 机器人将从目前已广泛应用的汽车、机械制造、电子工业及塑料制品等生产领域扩展到核能、采矿、冶金、石油、化学、航空、航天、船舶、建筑、纺织、制衣、医药、生化、食品等工业领域，进而应用在非工业领域中，如农业、林业、畜牧业和养殖业等方面。

② 机器人将会成为人类社会生产活动的"主劳力"，人类将从繁重的、重复单调的、有害健康和危险的生产劳动中解放出来，从而有更多的时间去学习、研究和创造。

（2）如图 1.5 所示，特种机器人将成为人类探索与开发宇宙、海洋和地下未知世界的有力工具。

① 将人送入太空进行宇宙探索非常危险和昂贵，机器人将代替人从事空间作业和太空探索。目前，航天飞机已经将舱外作业机器人带入太空进行太空作业，火星探测车已被送到火星表面上，并成功地完成了预定的探测任务。

（a）美国"勇气号"火星车　　　　　　（b）中国"CR02"水下机器人

图 1.5　特种机器人应用

②　水下和地底作业对于人来说是一项危险作业，也是人类未解决的难题。水下和地下机器人将解决这个问题，被用于海底和地底的探索与开发、海洋和地下资源的利用、水下作业与救生等。

（3）机器人将在未来战争中发挥重要作用。

①　军用机器人可以是一种武器系统，如机器人坦克、自主式地面车辆、扫雷机器人等，也可以是武器装备上的一个系统或装置，如军用飞机的"副驾驶员"系统、舰船作战管理系统、武器装备的自动故障诊断与排除系统、坦克炮装弹机器人系统等。

②　如图 1.6 所示，将来可能出现机器人化部队或兵团，在未来战争中将出现机器人对机器人的战斗。

图 1.6　美国军用机器人"big dog"

（4）机器人将用于提高人类健康水平与生活质量。

①　改善生活条件，提高生活水准始终是人类面临的一个重要课题。在 21 世纪，服务机器人将进入家庭和服务产业。

②　家庭服务机器人可以从事清洁卫生、园艺、炊事、垃圾处理、家庭护理与服务等作业。

③ 在医院，机器人可以从事手术、化验、运输、康复及病人护理等作业。

④ 在商业和旅游业中，导购导游机器人和表演机器人都将得到发展。

智能机器人玩具和智能机器人宠物的种类将不断增加，各种机器人体育运动比赛和文艺表演将层出不穷。机器人不再只是用于生产作业的工具，大量的服务机器人、表演机器人、科教机器人、机器人玩具和机器人宠物将进入人类社会，使人类社会更加丰富多彩。

1.2　工业机器人主要名词术语

（1）机械手：也可称为操作机。它具有和人臂相似的功能，是一种可在空间抓放物体或进行其他操作的机械装置。

（2）驱动器：将电能或流体能转换成机械能的动力装置。

（3）末端操作器：位于机器人腕部末端、直接执行工作要求的装置。如夹持器、焊枪、焊钳等。

（4）位置与姿态：工业机器人末端操作器在指定坐标系中的位置和姿态。

（5）工作空间（见图 1.7）：工业机器人执行任务时，其腕轴交点能在空间活动的范围。

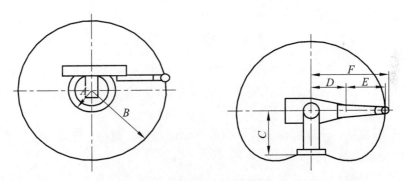

图 1.7　机器人工作空间

（6）机械原点：工业机器人各自由度共用的机械坐标系中的基准点。

（7）工作原点：工业机器人工作空间的基准点。

（8）速度：机器人在额定条件下，匀速运动过程中，机械接口中心或工具中心点在单位时间内所移动的距离或转动的角度。

（9）额定负载：工业机器人在限定的操作条件下，其机械接口处能承受的最大负载（包括末端操作器），用质量或力矩表示。

（10）定位精度（见图 1.8）：指机器人末端参考点实际到达的位置与所需要到达的

理想位置之间的差距。

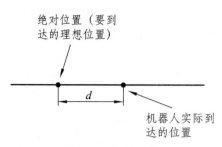

图 1.8　定位精度

（11）重复精度（见图 1.9）：指机器人重复到达某一目标位置的差异程度。或在相同的位置指令下，机器人连续重复若干次其位置的分散情况。它是衡量一列误差值的密集程度，即重复度。

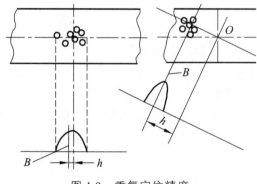

图 1.9　重复定位精度

（12）点位控制：控制机器人从一个位置与姿态到另一个位置与姿态，其路径不限。

（13）连续轨迹控制：控制机器人的机械接口，按编程规定的位置与姿态和速度，在指定的轨迹上运动。

（14）存储容量：计算机存储装置中可存储的位置、顺序、速度等信息的容量，通常用时间或位置点数来表示。

（15）外部检测功能：机器人所具备对外界物体状态和环境状况等的检测能力。

（16）内部检测功能：机器人对本身的位置、速度等状态的检测能力。

（17）自诊断功能：机器人判断本身全部或部分状态是否处于正常的能力。

1.3　工业机器人的基本原理

工业机器人由主体、驱动系统和控制系统 3 个基本部分组成。主体即机座和执行机构，包括臂部、腕部和手部，有的机器人还有行走机构。大多数工业机器人有 3～

6 个运动自由度，其中腕部通常有 1 ~ 3 个运动自由度；驱动系统包括动力装置和传动机构，用以使执行机构产生相应的动作；控制系统是按照输入的程序对驱动系统和执行机构发出指令信号，并进行控制。工业机械人系统实物图、结构图如图 1.10 和图 1.11 所示。

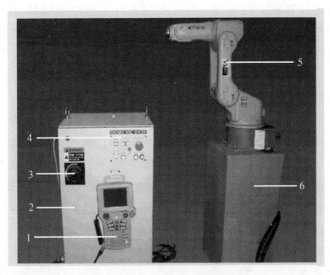

图 1.10　工业机器人系统实物图

1—编程控制器；2—控制柜系统；3—电源开关；4—显示控制面板；5—机械手；6—安装底座

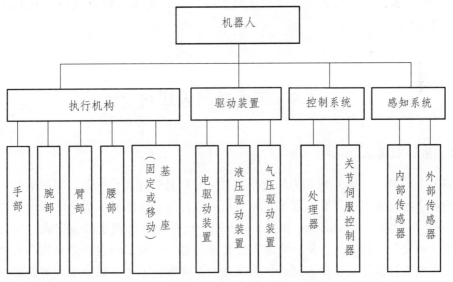

图 1.11　工业机器人系统结构图

工业机器人按臂部的运动形式分为 4 种。直角坐标型的臂部可沿 3 个直角坐标移动；圆柱坐标型的臂部可做升降、回转和伸缩动作；球坐标型的臂部能做回转、俯仰和伸缩动作；关节型的臂部有多个转动关节。工业机器人按执行机构运动的控制机能，又可分点位型和连续轨迹型。点位型工业机器人只控制执行工业机器人机构由一点到另一点的准确定位，适用于机床上下料、点焊和一般搬运、装卸等作业；连续轨迹型工业机器人可控制执行机构按给定轨迹运动，适用于连续焊接和涂装等作业。工业机器人按程序输入方式区分有编程输入型和示教输入型两类。编程输入型工业机器人是将计算机上已编好的作业程序文件，通过 RS232 串口或者以太网等通信方式传送到机器人控制柜。示教输入型工业机器人的示教方法有两种：一种是由操作者用手动控制器（示教操纵盒），将指令信号传给驱动系统，使执行机构按要求的动作顺序和运动轨迹操演一遍；另一种是由操作者直接领动执行机构，按要求的动作顺序和运动轨迹操演一遍。

工业机器人在工业生产中能代替人做某些单调、频繁和重复的长时间作业，或是危险、恶劣环境下的作业，如在冲压、压力铸造、热处理、焊接、涂装、塑料制品成形、机械加工和简单装配等工序上，以及在原子能工业等领域中，完成对人体有害物料的搬运或工艺操作。20 世纪 50 年代末，美国在机械手和操作机的基础上，采用伺服机构和自动控制等技术，研制出有通用性的独立的工业用自动操作装置，并将其称为工业机器人；20 世纪 60 年代初，美国成功研制两种工业机器人，并很快地在工业生产中得到应用；1969 年，美国通用汽车公司用 21 台工业机器人组成了焊接轿车车身的自动生产线。此后，各工业发达国家都很重视研制和应用工业机器人。由于工业机器人具有一定的通用性和适应性，能适应多品种中、小批量的生产，20世纪 70 年代起，它常与数字控制机床结合在一起，成为柔性制造单元或柔性制造系统的组成部分。

1.4 工业机器人应用

1. 搬运机器人

如图 1.12 所示，搬运机器人用途很广泛，一般只需要点位控制，即对搬运工件无严格的运动轨迹要求，只要求起始点和终点的位置与姿态准确。最早的搬运机器人出现在 1960 年的美国，Versatran 和 Unimate 两种机器人首次用于搬运作业，搬运作业是指用一种设备握持工件，从一个加工位置移到另一个加工位置。搬运机器人可安装不同的末端执行器完成各种不同形状和状态的工件搬运工作，减少了人类繁重的体力劳动。目前世界上使用的搬运机器人超过 10 万台，被广泛应用于机床上下料、冲压机自动化生产线、自动装配流水线、码垛、集装箱等的自动搬运。

部分发达国家已制定相应标准，规定了人工搬运的最大限度，超过限度的必须由搬运机器人来完成。

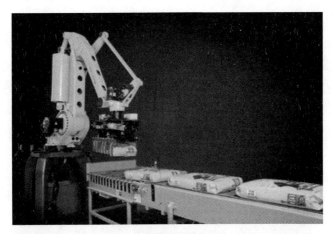

图 1.12　搬运机器人

2．检测机器人

零件制造过程中的检测以及成品检测都是保证产品质量的关键。这类机器人的工作内容主要是确认零件尺寸是否在允许的公差内，或者控制零件按质量进行分类。

如图 1.13 所示，油管接头螺纹加工完毕后，将环规旋进管端，通过测量旋进量或检测与密封垫的接触程度即可了解接头螺纹的加工精度。油管接头工件较重，环规的质量一般也都超过 15 kg，为了能完成螺纹检测任务的连续自动化动作（环规自动脱离、旋进自动测量等），需要油管接头螺纹检测机器人。该机器人是六轴多关节机器人，它的特点在于其手部机构是一个五自由头螺纹连接机构，另外还有一个卡死检测机构，能对螺纹旋进动作加以限制。

图 1.13　检测机器人

3．焊接机器人

这是目前应用最广泛的一种机器人，它又分为电焊和弧焊两类。电焊机器人负荷大、动作快，工作的位置与姿态要求严格，一般有 6 个自由度。弧焊机器人负载小、速度低，弧焊对机器人的运动轨迹要求严格，必须实现连续路径控制，即在运动轨迹的每个点都必须实现预定的位置和姿态要求。

　　如图 1.14 所示，弧焊机器人的 6 个自由度中，一般 3 个自由度用于控制焊具跟随焊缝的空间轨迹，另外 3 个自由度保持焊具与工件表面有正确的姿态关系，这样才能保证良好的焊缝质量。目前汽车制造厂已广泛使用焊接机器人进行承重大梁和车身的焊接。

图 1.14　焊接机器人

4. 装配机器人

　　装配机器人要求具有较高的位置与姿态精度，手腕具有较大的柔性，如图 1.15 所示。装配是一个复杂的作业过程，不仅要检测装配作业过程中的误差，而且要纠正这种误差。因此，装配机器人采用了许多传感器，如接触传感器、视觉传感器、接近传感器、听觉传感器等。

图 1.15　装配机器人

5. 喷涂机器人

　　如图 1.16 所示，喷漆机器人主要由机器人本体、计算机和相应的控制系统组成。液压驱动的喷漆机器人还包括液压油源，如油泵、油箱和电机等。多采用 5 或 6 个自由度关节式结构，手臂有较大的运动空间，并可做复杂的轨迹运动，其腕部一般有 2～3 个自由度，可灵活运动。较先进的喷漆机器人腕部采用柔性手腕，既可向各个方向弯曲，又可转动，其动作类似人的手腕，能方便地通过较小的孔伸入工件内部，喷涂其内表面。喷漆机器人一般采用液压驱动，具有动作速度快、防爆性能好等特点，可通过手把手示教或点位示数来实现示教。喷漆机器人广泛用于汽车、仪表、电气、搪瓷等工艺生产部门。

这种工业机器人多用于喷涂生产线上，重复定位精度不高。另外，由于漆雾易燃，驱动装置必须防燃防爆。

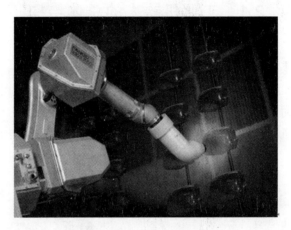

图 1.16　喷涂机器人

本章小结

工业机器人是一种能自动定位控制并可重新编程予以变动的多功能机器。它有多个自由度，可用来搬运材料和握持工具，完成各种不同的作业。

工业机器人的发展过程可分为三代。第一代为示教-再现型机器人，它可以按照预先设定的程序，自主完成规定动作或操作，当前工业中应用较多。第二代为感觉型机器人，如有力觉、触觉和视觉等，它具有对某些外界信息进行反馈调整的能力，目前已进入应用阶段。第三代为智能型机器人，其尚处于实验研究阶段。

思考题

1. 简述工业机器人通常使用行业。
2. 简述重复定位精度与定位精度的区别。
3. 简述工业机器人的基本构成。
4. 简述工业机器人的发展概况。

第 2 章　工业机器人的本体及控制原理

2.1　工业机器人的总体结构

工业机器人是集机械、材料、电子、控制、计算机、传感器、人工智能等多学科先进技术于一身的机电一体化产品，是一种可以依靠自身动力和控制能力来实现各种功能的机器，可以对其进行手动、自动操作和编程。

广义上的工业机器人是由机械本体系统、驱动系统、控制系统等组成的完整系统，如图 2.1 所示。

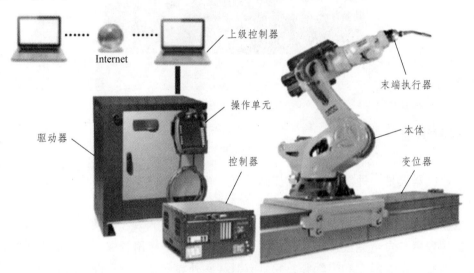

图 2.1　工业机器人系统的组成

工业机器人（以下简称机器人）系统机械本体系统由机器人本体、末端执行器及变位机等组成，驱动系统由动力装置和传动机构等组成，控制系统由控制器、操作单元、上级控制器等组成，网络系统由通信软件、接口和远程计算机等组成。

机器人本体是末端执行器的支撑基础，也是用来完成各种作业的执行机构，包括机械部件及安装在机械部件上的驱动电动机、传感器等。末端执行器又称工具，是机器人的作业机构，与不同的作业对象和实际要求相关，种类较多，一般由机器人制造厂根据用户要求进行设计、制造和集成，属于选装项。变位机是用于机器人本体或者工件的整体移动或者进行协同作业的附加装置，属于选装项。

在控制系统中，上级控制器是用于机器人系统协同控制、管理的附加设备，既可用于机器人与机器人、机器人与变位器的协同作业控制，也可用于机器人和数控机床、机器人和自动生产线上的其他机电一体化设备的集中控制，此外，还可用于机器人的操作、编程与调试。上级控制器同样可根据实际系统的需要选配，在柔性加工单元（FMC）、自动生产线等自动化设备上，上级控制器的功能也可直接由数控机床所配套的数控系统（CNC）、生产线控制用的 PLC 等承担。

1. 机械本体系统

机器人本体又称操作机，它是用来完成各种作业的执行机构，包括机械部件及安装在机械部件上的驱动电动机、传感器等。

机器人本体的形态各异，但绝大多数都是由若干关节和连杆连接而成。以常用的六自由度垂直串联型工业机器人为例，其运动主要包括整体回转（腰关节）、下臂摆动（肩关节）、上臂摆动（肘关节）、腕回转和弯曲（腕关节）等，本体的典型结构主要组成部件包括手部、腕部、上臂、下臂、腰部、基座等。

机器人的手部用来安装末端执行器，它既可以安装类似人类的手爪，也可以安装吸盘或其他各种作业工具；腕部用来连接手部和手臂，起到支撑手部的作用；上臂用来连接腕部和下臂。

上臂可回绕下臂摆动，实现手腕大范围的上下（俯仰）运动；下臂用来连接上臂和腰部，并可回绕腰部摆动，以实现手腕大范围的前后运动；腰部用来连接下臂和基座，它可以在基座上回转，以改变整个机器人的作业方向；基座是整个机器人的支承部分。机器人的基座、腰、下臂、上臂通称机身；机器人的腕部和手部通称手腕。

机器人的末端执行器又称工具，它是安装在机器人手腕上的作业机构。末端执行器与机器人的作业要求、作业对象密切相关，一般需要由机器人制造厂和用户共同设计与制造。例如，用于装配、搬运、包装的机器人则需要配置吸盘、手爪等用来抓取零件、物品的夹持器；而加工类机器人需要配置用于焊接、切割、打磨等加工的焊枪、割炬、铣头、磨头等各种工具或刀具等。

2. 驱动系统

工业机器人的驱动系统，按动力源不同，可分为液压、气动和电动三大类。根据需要也可由这三种基本类型组合成复合式的驱动系统。这三类基本驱动系统各有各的特点。

（1）液压驱动系统。

液压技术是一种比较成熟的技术，它具有动力大、力（或力矩）与惯量比大、快速响应高、易于实现直接驱动等特点。它适合在承载能力大、惯量大的机器人中应用。但液压系统需进行能量转换（电能转换成液压能），速度控制多数情况下采用节流调速，其效率比电动驱动系统低。液压系统的液体泄漏会对环境产生污染，工作噪声也较高。

因为这些弱点，近年来，在负荷为 100 kW 以下的机器人中往往被电动系统所取代。

（2）气动驱动系统。

气动驱动系统具有速度快、系统结构简单、维修方便、价格低等特点。它适合在中、小负荷的机器人中采用。但因为难于实现伺服控制，多用于程序控制的机械人中，如上、下料和冲压机器人。

（3）电动驱动系统。

由于低惯量，大转矩交、直流伺服电机及其配套的伺服驱动器（交流变频器、直流脉冲宽度调制器）的广泛采用，电动驱动系统在机器人中被大量选用。这类系统不需能量转换，使用方便，控制灵活。大多数电机后面需安装精密的传动机构。直流有刷电机不能直接用于要求防爆的环境中，成本也较上两种驱动系统高。但因为这类驱动系统优点比较突出，所以在机器人中被广泛选用。

3. 控制系统

在机器人电气控制系统中，上级控制器仅用于复杂系统各种机电一体化设备的协同控制、运行管理和调试编程，它通常以网络通信的形式与机器人控制器进行信息交换，因此，实际上属于机器人电气控制系统的外部设备；而机器人控制器、操作单元、伺服驱动器及辅助控制电路，则是机器人控制必不可少的系统部件。

机器人控制器是用于机器人坐标轴位置和运动轨迹控制的装置，输出运动轴的插补脉冲，其功能与数控装置（CNC）非常类似，控制器的常用结构有工业 PC 型和 PLC（可编程序控制器）型两种。

工业 PC 型机器人控制器的主机和通用计算机并无本质的区别，但机器人控制器需要增加传感器、驱动器接口等硬件，这种控制器的兼容性好、软件安装方便、网络通信容易。PLC 型控制器以类似 PLC 的 CPU 模块作为中央处理器，然后通过选配各种 PLC 功能模块，如测量模块、轴控制模块等，来实现对机器人的控制，这种控制器的配置灵活，模块通用性好、可靠性高。

2.2　工业机器人的结构形态

从运动学上说，大多数机器人的本体均由若干个关节（Joint）和连杆（Link）组成。根据关节的连接形式，多关节工业机器人主要分为垂直串联、水平串联和并联结构等三大类典型结构。

1. 垂直串联机器人

垂直串联结构是工业机器人最常见的结构形态，机器人本体部分一般由 5～7 个关节在垂直方向依次串联组成，被广泛用于加工、搬运、装配、包装等场合。

（1）六轴垂直串联机器人。

以 YASKAWA MOTOMAN-MH24 来说明六轴垂直串联机器人的典型结构，如图 2.2 所示。六轴垂直串联机器人的运动主要包括腰回转（Swing，S 轴）、下臂摆动（Lower Arm Wiggle，L 轴）、上臂摆动（Upper Arm Wiggle，U 轴）、手腕回转（Wrist Rotation，R 轴）、手腕摆动（Wrist Bending，B 轴）及手回转（Wrist Turning，T 轴）。运动范围在 360° 左右的关节轴，称为回转轴，如腰回转 S 轴、手腕回转 R 轴、手回转 T 轴。运动范围小于 270° 的关节轴，称为摆动轴。

图 2.2　六轴垂直串联机器人的典型结构

一般来说，六轴垂直串联机器人的手腕基准点在手腕回转 R 轴和腕摆动 B 轴的轴线交点处。手腕基准点的位置由前 3 个关节决定，手腕基准点的姿态由后 3 个关节决定。腰关节 S 回转轴的运动，即机器人绕着基座的轴线（垂直方向）回转，改变机器人末端的水平位置。下臂关节 L 摆动轴的运动、上臂关节 U 摆动轴的运动，分别使得机器人的下臂以上部位、上臂以上部位整体运动，两者使得手腕参考点在垂直平面内的运动。手腕部分的腕回转、腕弯曲和手回转 3 个关节，一般轴线为相互正交，分别使得手腕参考点完成绕 3 个关节轴线的回转，即为姿态调整。

六轴垂直串联机器人通过上述机构分别完成对手腕参考点的定位和定向，可以完成手腕末端在三维空间内的任意位置和姿态控制。该结构机器人对各种作业均可适应，被广泛应用于搬运、码垛、装配、机械加工、包装等场合。

六轴垂直串联机器人也存在一些缺点，主要有：① 由于结构所限，六轴垂直串联机器人存在运动干涉区域，不像数控机床的运动区域广阔，ABB IRB2600 机器人的有效工作区域如图 2.3 所示；② 在三维空间的坐标与关节运动的计算较为烦琐，且存在多解情况；③ 与数控机床相比，驱动机构均装在相应的关节处，特别是下臂、上臂关节处质量较大、重心较高，高速运动时稳定性较差、有效负载较小、运动精度较低。

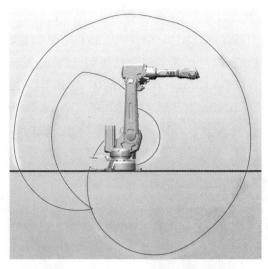

图 2.3   六轴垂直串联机器人的工作区域

（2）其他垂直串联结构。

机器人末端执行器的姿态与应用场合相关，在进行以水平搬运为主的搬运、包装作业时，可以减少 1~2 个关节运动轴，简化为四/五轴垂直串联机器人。如图 2.4 所示，ABB IRB260 机器人为一款主要面向包装行业的四关节机器人，减少了手腕回转 R 轴、腕摆动 B 轴，用腰回转 S 轴、下臂摆动 L 轴、上臂摆动 U 轴［见图 2.4（b）中的 A、B、C］实现工件的三维坐标定位，用手回转 T 轴［见图 2.4 中的 D］实现工件的水平面内的姿态调整，比较适合无须对工件进行翻转、水平搬运的包装作业。

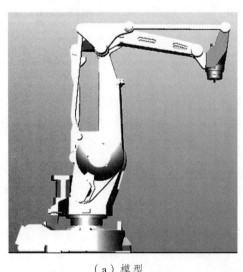

（a）模型

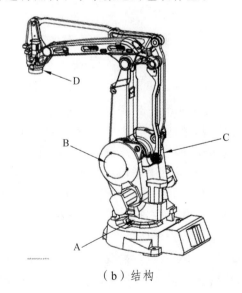

（b）结构

图 2.4   ABB IRB260 四关节机器人

为减轻六轴垂直串联结构机器人的上部质量，提高机器人整体的运动稳定性，大型、重载的搬运、码垛机器人常采用图 2.5 所示的平行四边形连杆驱动机构来实现上臂的摆动。采用平行四边形连杆驱动机构，不仅可以将驱动机构的安装位置降低至腰部、降低重心，还可以通过加长力臂的方式放大电动机的驱动力矩、提高负载能力，是大型、重载搬运和码垛机器人的常用结构形式。

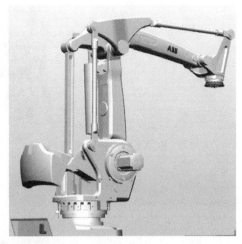

图 2.5　ABB IRB760 机器人平行四边形驱动机构

2. 水平串联机器人

水平多关节机器人，又称为选择顺应性装配机器手臂（Selective Compliance Assembly Robot Arm，SCARA）结构，是一种建立在圆柱坐标上的多关节机器人。

（1）基本结构。

SCARA 机械人的基本结构如图 2.6 所示，它一般具有 3 ~ 4 个轴，由 2 ~ 3 个轴线相互平行的水平旋转关节和 1 个垂直方向的直线移动轴组成，分别实现水平平面的平面快速定位定向和垂直方向的整体移动。由于其结构简单、Z 轴刚度良好、运动速度快，特别适合平面定位、垂直方向进行装配的作业，广泛应用于 3C（Computer 计算机、Communication 通信、Consumer Electronic 消费电子）、汽车、药品和食品等行业的平面搬运和装配。常见的 SCARA 机器人，其工作半径一般为 100 ~ 1 000 mm，直线移动行程在 300 mm 以内，净载质量一般为 1 ~ 200 kg。

（2）执行器升降结构。

虽然 SCARA 机器人采用基本结构后，整体机构紧凑，但是 3 个水平旋转关节的驱动电机均需要安装在机器人基座处，传动链较长、传动机构复杂；另外，在末端执行器需要竖直移动时，需要 3 个关节整体升降，故升降行程容易受限。因此，常采用执行器升降结构，如图 2.7 所示。ABB IRB5300 系列 SCARA 机器人，由两个水平旋转轴和一个直线移动轴组成。此种结构的优点是，每个旋转轴的驱动电机可以前移、传动链较短、传动机构较为简化，同时，可扩大竖直升降行程、减轻升降部件的质量，提高手臂刚度和负载能力。此种结构的缺点是，回转臂的体积较大，结构不如基本结构紧凑，多用于垂直方向运动行程较大的平面搬运码垛和装配作业。

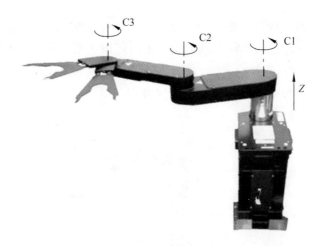

图 2.6　SCARA 机器人基本结构

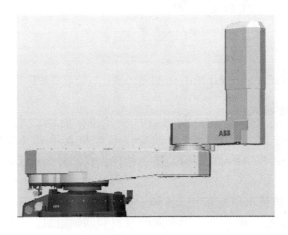

图 2.7　ABB IRB5300 机器人

3．并联机器人

并联机器人（Parallel Robot），可以定义为动平台和定平台通过至少两个独立的运动链相连接，机构具有两个或两个以上自由度，且以并联方式驱动的一种闭环机构。并联机器人的特点呈现为无累积误差，精度较高；驱动装置可置于定平台上或接近定平台的位置，这样运动部分质量轻，速度高，动态响应好。

（1）基本结构。

1965 年，德国 Stewart 发明了六自由度并联机构，即 Stewart 平台机构，并作为飞行模拟器用于训练飞行员。1978 年，澳大利亚著名机构学教授 Hunt 提出将并联机构用于工业机器人手臂。1985 年，瑞士洛桑联邦理工学院的 Clave 博士发明了一种三自由度空间平移的并联机器人，称之为 Delta 机器人，如图 2.8 所示。

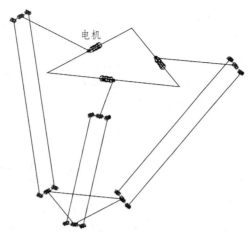

图 2.8　Delta 机器人结构原理

　　Delta 机器人一般采用悬挂式布置，其基座在上，通过 3 根在空间上均布的并联连杆连接手腕和基座，控制每个连杆的摆动角度，可使得手腕在一定的空间范围内运动。Delta 机器人具有结构简单、安装方便、运动控制较为容易等优点，成为了并联机器人的基本结构。

　　串联结构机器人中，经过基座、腰部、下臂、上臂、手腕、手部等运动部件的串联，实现运动从机器人的基座到末端执行器的传递。因为后置构件的重力、承载时的反作用力由前置构件承受，所以在设计时并联结构机器人要求每一部分的构件均有足够的体积和质量，才能保证末端执行器处的刚度和精度要求。而并联结构机器人的手腕和基座是用 3 根在空间上均布的并联连杆相连，受力均匀，且每根连杆只承受拉力或者压力，不承受弯矩或扭矩。因此，并联结构在理论上具有结构简单、质量轻、刚度大等优点。

　　（2）变形结构。

　　标准的 Delta 机器人只有 3 个自由度，其作业灵活性受限较多，为满足实际生产需要，常用 Delta 机器人的变形结构，通过手腕回转和摆动来增加 1 ~ 3 个自由度。如图 2.9（a）所示，ABB IRB360 并联机器人，在基本结构的基础上增加了 1 个自由度——手部回转。如图 2.9（b）所示，六自由度并联机器人可实现最快 300 个/min 的拾取放置循环。

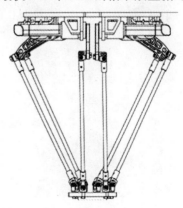

（a）四自由度　　　　　　　　　　　　　　（b）六自由度

图 2.9　Delta 机器人变形结构

为提高结构刚度,适应大型重载物品的搬运、分拣作业,大型的并联机器人常采用直线驱动结构,结构上用伺服电机和滚珠丝杠传动的运动转换代替了基本结构中的摆动,如图 2.10 所示。如此,不仅提高了机器人的结构刚度和承载能力(最大承载能力可达 1 000 kg 以上),还能提高其手腕的定位精度。

图 2.10 Delta 机器人直线驱动结构

2.3 工业机器人的机械结构

2.3.1 垂直串联机器人的机械结构

1. 机器人本体的基本结构

垂直串联工业机器人是工业机器人中最常见的基本结构,它被广泛应用于搬运、码垛、加工、装配等场合。总体而言,垂直串联工业机器人都是由关节和连杆依次串联而成的,而每一关节都由一台伺服电动机驱动,因此,若将机器人分解,它便是由若干台伺服电动机经减速机构减速后,驱动运动部件的机械运动机构的叠加和组合。

图 2.11 所示的 KUKA KR360 型机器人是一种具有基本结构的垂直串联工业机器人,手回转轴 T 的驱动电动机(13)直接安装在工具安装法兰后侧,这种结构的传动直接,但它会增加手部的体积和质量,影响手运动的灵活性。因此,实际使用时通常将 T 轴的驱动电动机也安装在上臂内腔,然后通过同步带、锥齿轮等传动部件传送至手部的减速器输入轴上,以减小手部的体积和质量。

 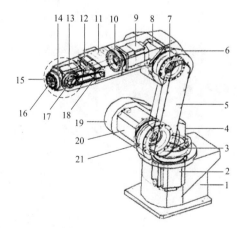

图 2.11 垂直串联机器人的基本机械结构

1—基座;4—腰关节;5—下臂;6—肘关节;11—上臂;15—腕关节;16—末端法兰;18—同步带;
19—肩关节;2, 8, 9, 12, 13, 20—伺服电机;3, 7, 10, 14, 17, 21—减速器

机器人的每一运动都需要有相应的电动机驱动，交流伺服电动机是目前最常用的驱动电动机。交流伺服电动机是一种用于机电一体化设备控制的通用电动机，它具有恒转矩输出特性，其最高转速一般为 3 000 ~ 6 000 r/min，额定输出转矩通常在 30 N·m 以下。但是，机器人的关节回转和摆动的负载惯量大、回转速度低（通常为 25 ~ 100 r/min），加减速时的最大驱动转矩（动载荷）需要达到数百甚至数万 N·m。因此，机器人的所有运动轴原则上都必须配套结构紧凑、传动效率高、减速比大、承载能力强、传动精度高的减速器，以降低转速、提高输出转矩。RV 减速器、谐波减速器是机器人最常用的两种减速器，它是工业机器人最为关键的机械核心部件。

在上述垂直串联机器人的基本结构中，手腕摆动、手回转的电机均安装在上臂的前端，称其为前驱结构。采用前驱结构机器人，除了手腕摆动、手回转轴可能采用同步带传动外，其他轴的伺服电机、减速器等部件均需要安装在各自的摆动或回转部位，无需其他传动部件，传动链短、零部件少、结构简单、制造精度容易保证，机器人整体安装、调试等均较为方便。

采用前驱结构的机器人也存在一些缺点：① 为安装伺服电机和减速器，各轴相应部位需要有足够的空间（如上臂内腔），因此，上臂和关节部位的体积较大，上臂中心离其回转轴较远，不利于高速运动；② 前端关节需要跟后端的驱动轴一起运动（如手腕回转时，需要带动手腕弯曲、手回转的结构整体运动），为保证手腕、上臂等构件有足够的刚度，其构件的体积、质量和惯性均较大，增加了后端驱动电机、减速器的负载。由于机器人内部空间紧凑、散热条件差，伺服电机和减速器的输出转矩也将受到结构的限制，所以，它一般用于承载能力在 10 kg 以下、作用半径在 1 000 mm 以内的小型机器人。

为保证机器人作业的灵活性和运动精度，应尽可能减小上臂的体积和质量，为此，大中型垂直串联机器人常采用手腕驱动电机后置式结构，简称为后驱结构，如图 2.12 所示。

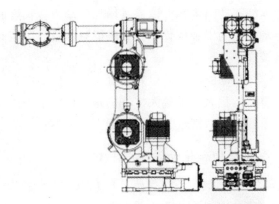

图 2.12　采用后驱结构的垂直串联机器人

后驱结构的机器人手腕回转 R 轴、手腕弯曲 B 轴和手回转 T 轴全部安装在上臂的后部，通过安装在上臂内腔的传动轴，将动力传递至手腕前端，这样既解决了前驱存在的空间小、散热差、检测维修困难等问题，还可以使得上臂的结构紧凑、重心离回转轴更近、运动精度更高；同时，手腕结构紧凑，可整体回转，避免了大型搬运、码垛机器人手腕不能整体回转的缺点。由于上述优点，后驱结构被广泛应用于搬运、码垛、装配、加工等用途的机器人中。

在大型、重载搬运、码垛机器人中，由于负载质量大，各关节轴的驱动系统必须输出足够大的转矩，需要采用大规格的伺服电机和减速器。而为了机器人运动稳定，必须使机器人整体重心降低，保证整体结构刚度，常用连杆驱动结构解决这些问题，特别是平行四边形连杆驱动结构，如图 2.13 所示。

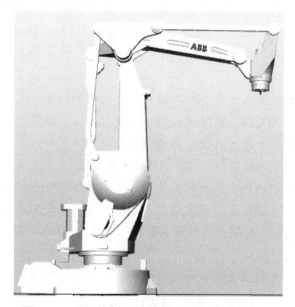

图 2.13　采用连杆驱动结构的垂直串联机器人

采用平行四边形连杆驱动结构，可以通过增加驱动力臂长度的方法来放大驱动力矩，同时可以使得驱动结构的安装位置下移，降低整体重心，因此机器人的承载能力强，高速时运动精度较高。

采用平行四边形连杆驱动的机器人很好地解决了之前的空间小、散热差、维修检测困难等问题，但其整体体积大、质量大，特别是上臂和手腕的结构较为臃肿，因此它一般只用于大型、重载的平面搬运、码垛机器人。

2. 机身结构、手腕结构和传动系统

六轴垂直串联机器人的腰回转、下臂摆动、上臂摆动 3 个关节轴是用来改变手腕基准点位置的定位机构，与安装基座一起成为机器人机身。安装在上臂的手腕回转、手腕弯曲和手回转这 3 个关节轴是用来改变手腕基准点姿态的运动机构，称为机器人手腕部件。

腰回转垂直串联机器人的机身关节结构、传动简单，均为伺服电机带动减速器驱

动构件回转或摆动的机构。以机身结构为例，腰回转和上臂摆动、下臂摆动仅仅是运动方向（前者回转轴竖直，后两者回转轴水平）和回转范围（前者可达 360°，后两者只能在 270° 以下）不同，从原理上看机械传动系统结构并无本质差异。

工业机器人的手腕主要用来改变手腕基准点或末端执行器（二者仅为手腕的偏距）的姿态，是保证机器人灵活作业的关键部件。垂直串联机器人的手腕由腕部和手部组成。腕部连接上臂和手部，手部连接末端执行器进行不同的作业任务，手腕回转轴通常与上臂同轴安装，如图 2.14 所示。

图 2.14   垂直串联机器人的手腕安装

垂直串联机器人的手腕结构形式主要有 3 种：RRR 型（3R 型）、BRR 或 BBR 型、RBR 型，如图 2.15 所示。能够进行 360° 回转或接近 360° 回转的回转轴（Roll），称为 R 型轴。只能够进行 270° 以下回转的摆动轴（Bend），称为 B 型轴。

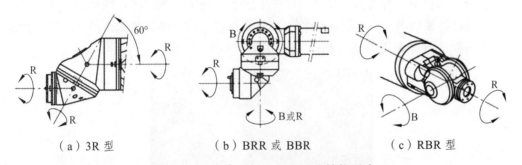

（a）3R 型   （b）BRR 或 BBR   （c）RBR 型

图 2.15   垂直串联机器人的手腕结构形式

图 2.15（a）所示为 3R 结构，由 3 个回转轴组成的手腕结构形式。3R 结构的手腕，一般采用锥齿轮传动，每个轴的回转范围不受限，手腕结构紧凑、动作灵活，但由于手腕上 3 个回转轴的中心线不是相互垂直，控制上不易，在通用工业机器人中较少使用，仅限于一些特殊的场合。

图 2.15（b）所示为 BRR 或 BBR 结构，分别是"摆动轴+回转轴+回转轴"或者"摆动轴+摆动轴+回转轴"。BRR 或 BBR 结构的手腕的 3 个回转中心线相互垂直，与三维空间的坐标轴对应，控制上容易实现。受结构体积所限，它多用于大型重载的机器人。

图 2.15（c）所示为 RBR 结构，即"回转轴+摆动轴+回转轴"，手腕的 3 个回转中心线相互垂直，与三维空间的坐标轴对应，控制上容易实现，结构紧凑。它是目前

工业机器人最为常见的手腕结构形式。

采用 RBR 结构的机器人手腕，其手腕回转轴的伺服电机可安装在上臂后侧，但手腕弯曲和手回转的伺服电机，有前置于上臂内腔和后置于上臂摆动关节部位两种常见结构，前者多用于中小型机器人，后者多用于大中型机器人。

中小型垂直串联机器人的手腕承载较小，驱动电机体积小，质量轻，可简化结构，缩短传动链，常采用如图 2.16 所示的 RBR 结构。

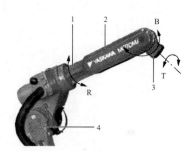

图 2.16　BRB 手腕前驱结构

1—上臂；2—手腕弯曲轴、手回转轴的电机安装位置；
3—手腕弯曲；4—下臂

前驱 RBR 结构的手腕，有手腕回转 R 轴、手腕摆动轴 B 轴和手回转 T 轴等 3 个运动轴。手腕回转轴 R 轴的伺服电机和传动部件安装在上臂后端的摆动关节处，手腕摆动 B 轴和手回转轴 T 轴均位于上臂内腔前端，伺服电机通过同步带连接手腕轴。为获得大扭矩，这 3 个轴的减速器传动比均较大。

大中型垂直串联机器人的手腕承载较大，需要输出较大的转矩和承载能力，为保证电机有足够的安装空间和散热空间，通常采用后驱 RBR 结构（见图 2.17），将手腕回转 R 轴、手腕摆动 B 轴、手回转 T 轴的伺服电机均安装在上臂后部，再经过在上臂内部的传动轴传动，将动力传递至前端的手腕上，使得手腕回转；传动轴传递至手腕处，再经过转换输出至手腕摆动 B 轴、手回转 T 轴，故传动链较长，传动系统结构复杂，手腕摆动 B 轴、手回转 T 轴的传动精度不及前驱结构。

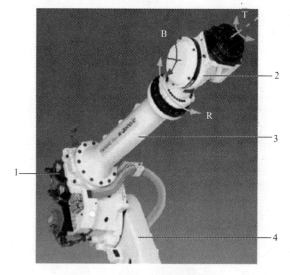

图 2.17　BRB 手腕后驱结构

1—手腕回转轴、手腕弯曲轴、手回转轴的电机安装位置；
2—手腕；3—上臂；4—下臂

2.3.2　SCARA 机器人的机械结构

SCARA 机器人是通过两三个轴线相互平行的水平旋转关节串联实现平面定位和定向，其垂直升降有手臂整体升降和执行器升降两种形式。由于其结构简单、运动速度快、定位精度高，适合水平平面定位、竖直平面装配的搬运作业，被广泛应用于 3C、药品、食品、汽车等以平面装配和搬运为主的行业。

SCARA 机器人的多个手臂轴的轴线相互平行，且沿着水平方向串联延伸，其伺服电机可前置在关节处，也可均后置于基座处。前驱 SCARA 机器人的垂直升降大多采用执行器升降结构，机械传动系统简单、装配方便，如图 2.18（a）所示。它适用于上部作用空间不受限制的平面装配、搬运等作业，但是此结构属于悬臂梁结构，对手臂刚度有一定的要求，手臂外形体积、质量等较大。后驱 SCARA 机器人的垂直升降一般通过手臂整体升降来实现，结构紧凑、运动速度快、定位精度高、安装空间小，如图 2.18（b）所示。但其传动系统相对复杂，承载能力较小，适用于上部空间受限的平面装配、搬运等作业。

（a）执行器升降（前驱）　　　　　　（b）整体升降（后驱）

图 2.18　BRB 手腕后驱结构

2.3.3　ABB 机器人结构实例

瑞士 ABB 公司是全球领先的工业机器人生产厂家，近年来其产品产量位居世界前列，占工业机器人总销量的 16% 以上，也是目前国内应用最为广泛的机器人品牌。

以 ABB 垂直串联机器人的典型产品——IRB4600 型通用机器人为例来介绍工业机器人的机械结构。由于规格相近的同类型机器人的机械结构基本相似，部分只是外观差别，传动系统基本一致，所以，了解一种典型产品的结构，即可了解此类机器人的机械结构，为结构设计、维护维修奠定基础。

由于作业环境固定不变，不需要行走，故 IRB4600 只有基座和定位机构。其中基座有倒挂式和正立式安装方式，通常采用正立式安装，在地基和底座之间安装过渡板或者支架来保证安装稳固。

ABB IRB4600-60/2.05 和 IRB4600-40/2.55，两款均为 ABB IRB4600 垂直串联六关节工业机器人，如图 2.19 所示。

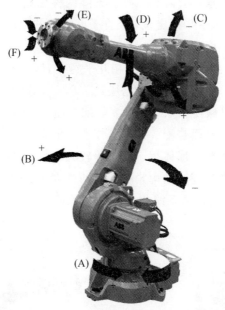

图 2.19　IRB 4600 六关节机器人结构
A—1 轴；B—2 轴；C—3 轴；D—4 轴；E—5 轴；F—6 轴

机器人的腰回转轴（1 轴）、下臂摆动轴（2 轴）、上臂摆动轴（3 轴）用来控制手腕参考点的位置，手回转轴（4 轴）、腕弯曲摆动轴（5 轴）、手回转轴（6 轴）用来确定手腕参考点的姿态。每个关节的工作范围见表 2.1。

表 2.1　IRB4600 各关节轴的运动范围及类型

轴 名 称	运动范围	类　型
1 轴	±180°	回转轴
2 轴	+150°/−90°	摆动轴
3 轴	+75°/−180°	摆动轴
4 轴	±400°	回转轴
5 轴	±120°	摆动轴
6 轴	±400°	回转轴

ABB IRB4600-60/2.05 和 IRB4600-40/2.55 两款机器人的结构类似，相关关节尺寸如图 2.20 所示。

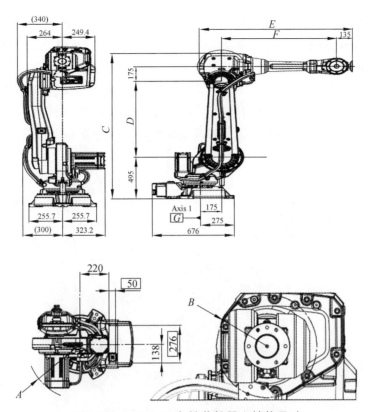

图 2.20　IRB 4600 六关节机器人结构尺寸

ABB IRB4600-60/2.05 和 IRB4600-40/2.55 两款机器人的主要区别见表 2.2。

表 2.2　IRB4600-60/2.05 和 IRB4600-40/2.55 的区别

尺　寸	IRB4600-60/2.05	IRB4600-40/2.55
有效负载/kg	60	40
最大半径/m	2.05	2.55
A/mm	400	400
B/mm	138	138
C/mm	1 727	1 922
D/mm	900	1 095
E/mm	1 276	1 586
F/mm	960	1 270

ABB IRB4600-60/2.05 和 IRB4600-40/2.55 的腰回转轴（1 轴）、下臂摆动轴（2 轴）、上臂摆动轴（3 轴）分别由伺服电机带动 RV 减速器（见图 2.22）驱动，RV 减速器的结构会在第 8 章详细讲述。以 2 轴为例，说明手腕结构，如图 2.21 所示。电机轴（2）与 RV 减速器（7）的输入轴（2）相连，RV 减速器的输出轴通过螺栓（4）固定在腰体上，针轮通过螺栓（8）连接下臂（5），当伺服电机旋转时，减速器针轮带动下臂（5）在腰体上摆动。RV 减速器和谐波减速器结构如图 2.22 所示。

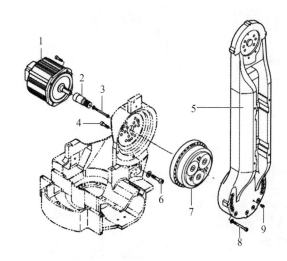

图 2.21 IRB 4600 机器人 2 轴结构

1—伺服电机；2—减速器输入轴；3，4，6，8，9—螺栓；
5—下臂；7—RV 减速器

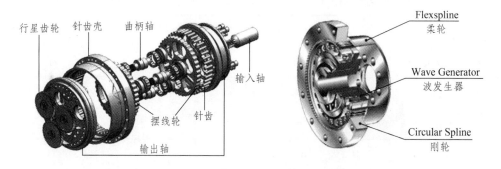

图 2.22 RV 减速器和谐波减速器结构

机器人的手腕部分（4 轴、5 轴、6 轴）采用 RBR 结构，手回转轴（4 轴）、腕弯曲摆动轴（5 轴）、手回转轴（6 轴）采用谐波减速器作为减速器。以 4 轴为例，说明手腕结构，如图 2.23 所示。摆动体（12）接受谐波减速器（8）的输出，当伺服电机（2）旋转时，通过同步带（5）带动减速器（8）旋转，进行带动摆动体（12）摆动。

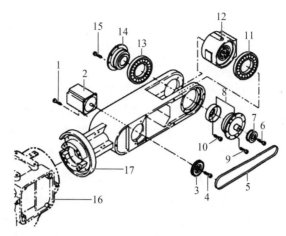

图 2.23　IRB 4600 机器人 4 轴结构

1，4，9，10，15—螺栓；2—伺服电机；3，7—同步带轮；5—同步带；
8—谐波减速器；11，13—轴承；12—摆动体；
14—轴承座；16—上臂；17—手腕

2.4　工业机器人运动控制

如图 2.24 所示，工业机器人操作机可看作是一个开链式多连杆机构，始端连杆就是机器人的基座，末端连杆与工具相连，相邻连杆之间用一个关节（轴）连接在一起。

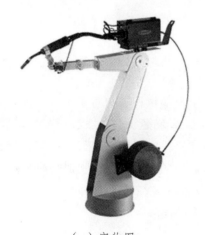

（a）实物图

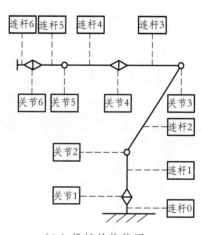

（b）机械结构简图

图 2.24　工业机器人操作机

对于一个六自由度工业机器人，它由 6 个连杆和 6 个关节（轴）组成。编号时，基座称为连杆 0，不包含在这 6 个连杆内，连杆 1 与基座由关节 1 相连，连杆 2 通过关节 2 与连杆 1 相连，依此类推。

在使用机器人时，其末端执行器必须处于合适的空间位置和姿态，以便于机器人完成相应的工作。具体位置与姿态本质上是由各个关节旋转合成效果。因此，要了解机器人控制原理必须知道机器人各个关节量与末端执行器位置与姿态的关系，即机器人运动学模型。一台工业机器人的操作机几何结构决定了其运动学模型，目前最流行的算法为 D-H 算法，工业机器人运动学分为正运动学与逆运动学算法。工业机器人运动学如图 2.25 所示。在示教过程中，工业机器人控制器接收示教器的控制，如关节 1 顺时针旋转 10°，则控制控制关节 1 电机旋转 10°，同时则根据内部如运动学算法（D-H 算法）计算末端执行器的坐标位置与姿态。具体控制过程为控制器通过发脉冲的方式或者总线信息传输方式发控制量到伺服驱动器，伺服驱动器根据控制器发来的信息控制伺服电机精确旋转，旋转信息包括电机的速度、加速度、位置信息。

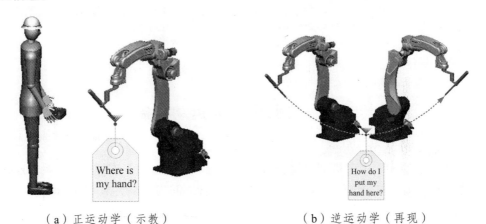

（a）正运动学（示教）　　　　　　　　（b）逆运动学（再现）

图 2.25　工业机器人运动学

1. 运动学正问题

对给定的机器人操作机，已知各关节角矢量，求末端执行器相对于参考坐标系的位置与姿态，称之为正向运动学（运动学正解或 Where 问题），机器人示教时，机器人控制器即逐点进行运动学正解运算。采用数学 D-H 算法解释为知道每个关节的旋转量以及杆长等常量可以推算出末端执行器对机器人底座的坐标值，这里的坐标值包括末端执行器在以底座为空间坐标系 XYZ 的位置以及相对 XYZ 的偏移量。

2. 运动学逆问题

对给定的机器人操作机，已知末端执行器在参考坐标系中的初始位置与姿态和目标（期望）位置与姿态，求各关节角矢量，称之为逆向运动学（运动学逆解或 How 问题），机器人再现时，机器人控制器即逐点进行运动学逆解运算，并将矢量分解到操作机各关节。

本章小结

工业机器人是由机械本体系统、驱动系统、控制系统等组成的完整系统。按照结构不同，多关节工业机器人主要分为垂直串联、水平串联和并联结构等三大类典型结构。垂直串联机器人的基本结构中，负载和运动范围较小的小型机器人采用前驱结构（手腕摆动、手回转的电机均安装在上臂的前端）；大中型垂直串联机器人常采用手腕驱动电机后置式结构。SCARA 机器人是通过两三个轴线相互平行的水平旋转关节串联实现平面定位和定向，其垂直升降有手臂整体升降和执行器升降两种形式，适合水平平面定位、竖直平面装配的搬运作业。

工业机器人的正运动学为对给定的机器人操作机，已知各关节角矢量，求末端执行器相对于参考坐标系的位置与姿态，称之为正向运动学（运动学正解或 Where 问题），机器人示教时，机器人控制器即逐点进行运动学正解运算。对给定的机器人操作机，已知末端执行器在参考坐标系中的初始位置与姿态和目标（期望）位置与姿态，求各关节角矢量，称之为逆向运动学，机器人再现时，机器人控制器即逐点进行运动学逆解运算，并将矢量分解到操作机各关节。

思考题

1. 工业机器人系统是由哪些系统组成的？各自的作用是什么？

2. 根据关节的连接形式，多关节工业机器人可分为哪些类？各自的主要应用场合是什么？

3. 前驱结构的垂直串联机器人的机械结构特点是什么？

4. 后驱 SCARA 机器人的垂直升降一般通过什么结构实现？有何特点？

5. ABB 六关节垂直串联工业机器人的各关节分别是什么？旋转方向分别是什么？

6. ABB IRB4600-60/2.05 的有效负载是多少？运动半径是多少？

7. 以其中一个关节为例说明 ABB IRB4600-60/2.05 的关节结构。

8. 简述工业机器人正运动学原理。

9. 简述工业机器人逆运动学原理。

第3章 工业机器人的选购与安装

工业机器人是面向工业领域的自动化设备，它可以实时接受人类手动控制，也可以按照预先编排的程序自动运行，现代的工业机器人还可以根据人工智能技术制定的原则纲领行动。工业机器人在工业生产中能代替人做某些单调、频繁和重复的长时间工作，也可代替人类在危险、恶劣环境下进行作业，如在冲压、压力铸造、热处理、焊接、涂装、打磨、高分子制品成形、机械加工和简单装配等工序上，以及在核工业等领域中，完成对人体有害物料的搬运或工艺操作。在工业机器人的应用中工业机器人的选购和安装也起着至关重要的作用，因此本章将重点介绍工业机器人选购和安装方面的一些知识。

3.1 工业机器人的基本参数

工业机器人的基本参数是各工业机器人制造商在产品供货时所提供的技术数据，也是工业机器人选购与安装的理论依据。尽管各厂商提供的技术参数不完全一样，工业机器人的结构、用途等有所不同，且用户的要求也不同，但工业机器人的主要基本参数一般应有自由度（不考虑单增外轴）、承载能力、工作空间、最大工作速度和精度等。

3.1.1 自由度

机器人自由度指机器人所具有的独立运动坐标轴的数目，有时还包括手爪（末端执行装置）的自由度。图 3.1 所示的机器人具有 6 个可独立运动的轴，所以我们也称其为六轴工业机器人。在三维空间中描述一个物体的位置与姿态需要 6 个自由度。工业机器人的自由度是根据其用途而设计的，可能小于 6 个自由度，也可能大于 6 个自由度。例如，图 3.2 所示的 ABB 四轴 IRB910CS 模块机器人，它的有效负载高达 60 kN，到达范围在 450 ~ 650 mm，主要适用于诸如小部件装配、码垛和物料处理等要求快速可重复的点对点运动的应用。主要目标市场为食品包装、医疗医药制造和包装以及电子产品装配和测试。图 3.3 所示为 ABB 六轴 IRB 1600 机器人，其安装方式多样，机械臂灵活，可广泛应用于弧焊、装配、铸造和清洗等工种。一般来讲，在完成某一特定工作时具有多余自由度的机器人，就叫作冗余自由度机器人。例如，使用 IRB 1600 机器人去完成产线两点之间的工件搬运，此时该机器人就可以称为冗余自由度机器人。利用冗余自由度可以增加机器人的灵活性、躲避障碍物和改善动力性能。人的手臂（大臂、小臂、手腕）共有 7 个自由度，所以工作起来很灵巧，手部可回避障碍而从不同方向到达同一个目的点。

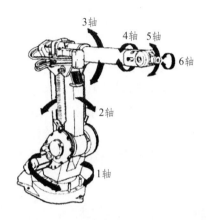

图 3.1　六自由度工业机器人

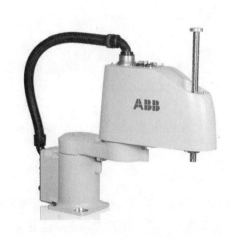

图 3.2　ABB 四轴 IRB910CS 模块机器人　　图 3.3　ABB 六轴 IRB 1600 机器人

3.1.2　承载能力

　　承载能力是指机器人在工作范围内的任何位置与姿态上所能承受的最大质量。承载能力不仅决定于负载的质量，而且还与机器人运行的速度和加速度的大小和方向有关。为了安全起见，承载能力这一技术指标是指高速运行时的承载能力。通常，承载能力不仅指负载，而且还包括了机器人末端操作器的质量。

　　机器人有效负载的大小除受到驱动器功率的限制外，还受到关节材料极限应力的限制，因而，它又和环境条件（如地心引力）、运动参数（如运动速度、加速度以及它们的方向）有关。例如，空间机械臂的主要工作环境是太空，其使用就要考虑无地心引力的情况，该类机器人的优秀代表加拿大机械臂额定可搬运质量为 14 500 kg，在运动速度较低时能达到 29 500 kg。然而，这种负荷能力只是在太空中失重条件下才有可能达到，在地球上该手臂本身的质量达 410 kg，它连自重引起的臂杆变形都无法承受，更谈不上搬运质量了。

3.1.3　工作空间

工作空间是指机器人手臂末端或手腕中心所能到达的所有点的集合，也叫工作范围。因为末端操作器的尺寸和形状是多种多样的，为了真实反映机器人的特征参数，所以这里是指不安装末端操作器时的工作区域。工作范围的形状和大小是十分重要的，机器人在执行作业时可能会因为存在手部不能到达的作业死区（Dead Zone）而不能完成任务。图 3.4 和图 3.5 所示分别为 IRB 1410 机器人和 IRB 1600-x/1.2 机器人的工作范围。

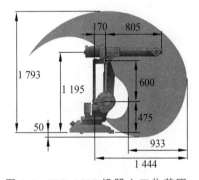

图 3.4　IRB 1410 机器人工作范围

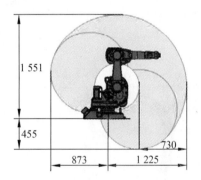

图 3.5　IRB 1600-x/1.2 机器人工作范围

3.1.4　速　度

速度和加速度是表明机器人运动特性的主要指标。说明书中通常提供了主要运动自由度的最大稳定速度，但在实际应用中单纯考虑最大稳定速度是不够的。这是因为，由于驱动器输出功率的限制，从启动到达最大稳定速度或从最大稳定速度到停止，都需要一定时间。如果最大稳定速度高，允许的极限加速度小，则加减速的时间就会长一些，对应用而言的有效速度就要低一些；反之，如果最大稳定速度低，允许的极限加速度大，则加减速的时间就会短一些，这有利于有效速度的提高。但如果加速或减速过快，有可能引起定位时超调或振荡加剧，使得到达目标位置后需要等待振荡衰减的时间增加，则也可能使有效速度反而降低。因此，考虑机器人运动特性时，除注意最大稳定速度外，还应注意其最大允许的加减速度。

3.1.5 精 度

工业机器人精度是指定位精度和重复定位精度。定位精度是指机器人手部实际到达位置与目标位置之间的差异。重复定位精度简称 RP，是指机器人重复定位其手部于同一目标位置的能力，可以用标准偏差这个统计量来表示，它是衡量一列误差值的密集度（即重复度），单位为毫米。一般在机器人选用时，我们以其重复定位精度作为其主要精度衡量标准，通过查询机器人手册或机器人品牌厂家的产品手册来选用。

3.2 工业机器人的选用

对于工业机器人的选用，我们需要考虑多种因素，主要包括应用场合、工作参数要求、经济性等几个方面。只有经过上述几个因素的论证，才能充分发挥工业机器人在企业中代替工人的优势。

3.2.1 机器人的应用场合

简单来讲机器人的应用场合，指的是要用机器人在什么地方从事什么样的工作，主要考虑的是工作环境和工作领域。机器人工作环境根据机器人的性能不同而要求不同，一些相对恶劣的工作环境（如铸造车间、喷涂车间、水下工作），都需要选用环境适用性较强的机器人。机器人工作领域一定程度上决定了机器人的型号，很多机器人厂家都会在产品手册中给出其产品的最适工作领域，以 ABB 机器人厂家为例，其多功能机器人可以适应多种工作领域，IRB 120 机器人主要应用于装配、上下料、物料搬运、包装/涂胶；IRB 910SC 机器人主要用于装配部件放置、上下料、配件装载；IRB 1600 机器人主要用来装配、清洁/喷涂、上下料、物料搬运、包装。当然为了更好地适应工作要求，ABB 也开发出了很多专用机器人，如 IRB 1600ID-4/1.50 机器人主要用来弧焊；IRB 2400-10/1.55 和 IRB 2400-16/1.55 机器人主要用来切割/去毛刺、研磨/抛光；IRB 660-180/3.15 和 IRB 660-250/3.15 机器人主要用来码垛。

3.2.2 机器人的工作参数要求

工业机器人的工作参数要求是根据机器人实际的工作要求决定的，由动作要求确定自由度和工作空间，如当要进行码垛操作时，只需要执行抓取—横向纵向移动—放下 3 个简单动作，就可以选用一个四轴码垛机器人；由抓取最大工件质量确定承载能力，常见的 ABB 机器人标定的承载能力从几千克至几百千克都有，这里要注意型号 IRB 660-180/3.15 中的 180 kg 并不是只要 180 kg 以内都可以，这与重心位置还有关系。根据选型手册可知，重心离换手盘越远，负载越小；由效率要求确定速度，一般在确定速度时要充分考虑刹车和转动惯量；由产品精度要求确定重复定位精度，一般机器人的重复定位精度为 0.02 ~ 0.05 mm。

3.2.3　机器人的经济性要求

工业机器人的价格相对来说较为昂贵，在确定使用之前，应综合考虑投入及其所能带来的经济效益，如设备投入资金的大小，操作人员的综合素质要求的提高。同时要考虑机器人的开动率与产能的平衡关系，因为工业机器人购进后，如果开动率不高，不但会导致企业投入的资金不能起到促进生产的作用，还可能导致设备过保修期后的故障，需要支付额外的维修费用，所以在保修期内机器人应经常运行。一般工业机器人的保修期为一年。

3.2.4　选用机器人的步骤

把机器人应用于生产系统可采取下列步骤：

（1）全面考虑并明确自动化要求，包括提高劳动生产率、增加产量、减轻劳动强度、改善劳动条件、保障经济效益和社会就业等问题。

（2）制订机器人化计划。在全面和可靠的调查研究基础上，制订长期的机器人化计划，包括制定自动化目标、培训技术人员、编制作业类别一览表、编制机器人化顺序和大致日程表等。

（3）探讨采用机器人的条件。根据预先准备好的调查项目表，进行深入细致的调查，并进行详细的测定和图表资料搜集工作。

（4）对辅助作业和机器人的性能进行标准化。必须按照现有的和新研制的机器人规格，进行标准化工作。此外，还要判断各机器人具有哪些适用于特定用途的性能，进行机器人性能及其表示方法的标准化工作。

（5）设计机器人化作业系统方案。设计并比较各种理想的、可行的或折中的机器人化作业系统方案，选定最符合使用目的的机器人及其配套系统来组成机器人化柔性综合作业系统。

（6）选择适宜的机器人系统评价标准。建立和选用适宜的机器人化作业系统评价标准与方法，既要考虑到能够适应产品变化和生产计划变更的灵活性，又要兼顾目前和长远的经济效益。

（7）详细设计和具体实施。对选定的实施方案进一步进行分步具体设计工作，并提出具体实施细则，交付执行。

3.3 工业机器人的安装

机器人与其他机械设备的要求通常不同，如它的大运动范围、快速的操作、手臂的快速运动等，这些都会造成安全隐患。因此，安装和使用机器人时必须阅读和理解使用说明书及相关的文件，并遵循各种规程，以免造成人身伤害或设备事故。各机器人生产厂家都有相应的安装手册和现场安装说明书作为参考，但是针对不同的工作环境，工业机器人的安装略有不同，应提前做好改进安装方案。下面以 ABB 工业机器人在码垛生产线上的安装为例进行讲解。

工业机器人是精密机电设备，其运输和安装有着特别的要求，每一个品牌的工业机器人都有自己的安装与连接指导手册，但大同小异。工业机器人一般的安装流程如图 3.6 所示，各步骤操作需要认真参阅手册相关部分。

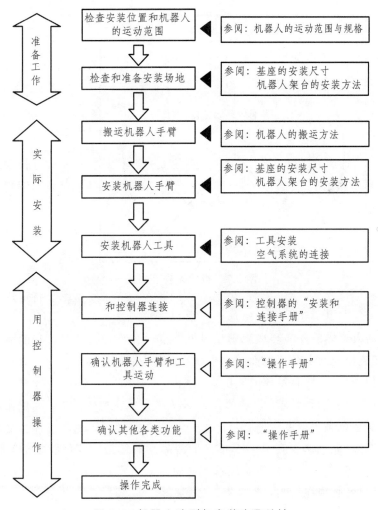

图 3.6　机器人选型与安装步骤总结

3.3.1 机器人的安装前准备工作

1. 检查安装位置和机器人的运动范围

安装工业机器人的第一步就是全面考察安装车间，包括厂房布局、地面状况、供电电源等的基本情况。第二步是通过手册认真研究机器人的运动范围，从而设计布局方案，确保安装位置有足够机器人运动的空间，如图 3.7 所示。

（1）在机器人的周围设置安全围栏，以保证机器人最大的运动空间，即使在臂上安装手爪或焊枪也不会和周围的机器产生干扰。

（2）设置一个带安全插销的安全门。

（3）安全围栏设计布局合理。

（4）控制柜、操作台等不能设置在看不见机器人主体动作的地方，以防止异常情况发生时无法及时发现。

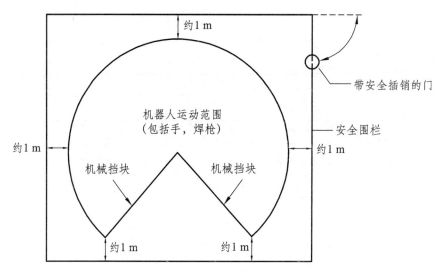

图 3.7　机器人安装布局

2. 检查和准备安装场地

（1）机器人本体的安装环境须满足以下要求：

① 当安装在地面上时，地面的水平度在 ±5° 以内。

② 地面和安装座要有足够的刚度。

③ 确保平面度达到要求，以免机器人基座部分承受额外的力。如果实在达不到要求，须使用衬垫调整平面度。

④ 工作环境温度必须在 0 ~ 45 ℃。低温启动时，油脂或齿轮油的黏度大，将会产生偏差异常或超负荷，此时须实施低速暖机运转。

⑤ 相对湿度必须在 35% ~ 85%RH，无凝露。

⑥ 确保安装位置极少暴露在灰尘、烟雾和水环境中。

⑦ 确保安装位置无易燃、腐蚀性液体和气体。

⑧ 确保安装位置不受过大的振动影响。

⑨ 确保安装位置受最小的电磁干扰。

（2）基座的安装：安装机器人基座时，须认真阅读安装连接手册，清楚基座安装尺寸、基座安装横截面、紧固力矩等要求，使用高强度螺栓通过螺栓孔固定。

（3）机器人架台的安装：安装机器人架台时，须认真阅读安装连接手册，清楚基座安装尺寸、基座安装横截面、紧固力矩等要求，使用高强度螺栓通过螺栓孔固定。

3.3.2　机器人本体的准备与安装

1. 搬运机器人手臂

搬运、安装和保管注意事项：

① 当使用起重机或叉车搬运机器人时，绝对不能人工支撑机器人机身。

② 搬运中，绝对不要爬在机器人上或站在提起的机器人下方。

③ 在开始安装之前，请务必断开控制器电源及元电源，设置施工中标志。

④ 开动机器人时，务必在确认其安装状态是否异常等安全事项后，接通电机电源，并将机器人的手臂调整到指定的姿态，此时不要接近手臂，小心被夹紧挤压。

⑤ 机器人机身是由精密零件组成的，因此，在搬运时务必避免让机器人受到过分的冲击和振动。

⑥ 使用起重机和叉车搬运机器人前应先清除障碍物等，以确保安全地搬运到安装位置。

⑦ 搬运及保管机器人时，其周边环境温度应在 10～60 ℃，相对湿度应在 35%～85%RH，无凝露。

2. 机器人的运输

机器人的运输一般是采用木箱包装，包括底板和外壳。底板是包装箱承重部分，是起重机或叉车搬运的受力部分，与内包装物之间有固定，内包装物不会在底板上窜动。箱体外壳及上盖只起防护作用，承重有限，包装箱上不能放重物，不能倾倒，不能雨淋等，如图 3.8 所示。拆包装前先检查是否有破损，如有破损联系运输单位或供应商。使用电动扳手、撬杠、羊角锤等工具，先拆盖，再拆壳，注意不要损坏箱内物品，最后拆除机器人与底板间的固定物，可能是钢丝缠绕、长自攻钉、钢钉等。根据装箱清单核查机器人系统零部件，一般包括机器人本体、控制柜、示教器、连接线缆、电源等。注意检查外观是否有损坏。

图 3.8　工业机器人包装箱吊装

3.　机械臂的搬运方法

安装前首先查验机器人各部分是否齐全，主要包括控制柜、机器人本体、线缆、示教器、末端执行装置（有些厂家不是标配，可无）；同时检查各部分是否有问题，比如控制柜和机器人本体是否有肉眼可见的硬伤，线缆是否有挤压及露线，示教器屏幕是否碎裂。然后准备安装工具及设备，如成套的工具、起重设备、电工工具箱等。

用天车或者叉车等起重装置吊装（尽量吊装机器人自带的吊环）机器人至指定工位。如图 3.9 所示，吊装时应尽量保证机器人呈蜷缩姿态（机器人出厂时一般已是此状态），机器人重心与吊装线缆在同一直线上，避免机器人吊装时倾覆。如果机器人本体已经不是出厂姿态，请参照下图调整机器人的姿态，使机器人重心尽量低且尽量居中。

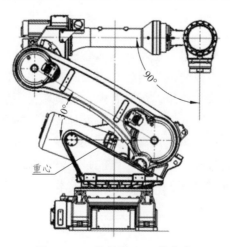

图 3.9　工业机器人吊装姿态

在支撑平台上固定机器人时，首先应对角拧上螺丝（暂不拧紧），待所有螺丝拧上之后，再依次分别对角拧紧螺丝。这是为了使机器人各个螺丝定位处受力均匀，保证机器人长时间高速运行仍能保持稳固。

3.3.3　控制柜的安装

控制柜的安装主要是指控制柜摆放好后，它与机器人本体、示教器之间电缆的连接。

首先是机器人本体与控制柜之间的连接，有两条必须要连接的电缆，一条是电动机动力电缆，另一条是转数计数器电缆。动力电缆与机器人本体的连接如图 3.10 所示（中间粗线），它与控制柜的连接如图 3.11 所示（最右边粗线）。转数计数器电缆与机器人本体的连接如图 3.12 所示（右边最细线），它与控制柜的连接如图 3.13 所示（最左边最细线）。

图 3.10　动力电缆与机器人连接

图 3.11　动力电缆与控制柜连接

接下来是控制柜示教器之间电缆的连接，将示教器自带的线缆末端直接插在控制柜的相应接口上（一般接口都靠近急停开关），过程如下图 3.12 所示。

如果用户有其他安装需求，如需安装外部轴动力线、气源线等，可按给定说明书上的机器人本体和控制柜的预留接口进行连接。图 3.13 所示为根据用户需求外接一个伺服电机的线缆连接方式，控制柜中若已预先安置了外部 SMB 接口可直接与伺服电机编码器相连。

图 3.12　示教器与控制柜连接

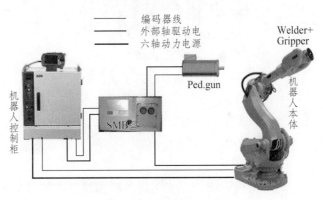

图 3.13　外部轴连接

3.3.4　末端执行装置的安装

不同功能的工业机器人的末端工具不同，焊接机器人是焊枪，喷涂机器人是喷枪，码垛机器人则是手爪。这些工具安装时请参考相关手册。

先进的机器人系统安装的是机器人工具快换装置，通过使机器人自动更换不同的末端执行器或外围设备，使机器人的应用更具柔性。这些末端执行器和外围设备包含点焊焊枪、抓手、真空工具、气动和电动电机等。工具快换装置包括一个机器人侧，用来安装在机器人手臂上，还包括一个工具侧，用来安装在末端执行器上。工具快换装置能够让不同的介质（如气体、电信号、液体、视频、超声等）从机器人手臂连通到末端执行器。机器人工具快换装置的优点是生产线更换可以在数秒内完成，维护和修理工具可以快速更换，大大降低停工时间；通过在应用中使用多个末端执行器，从而使柔性增加；使用自动交换单一功能的末端执行器，代替原有笨重复杂的多功能工装执行器。机器人工具快换装置，使单个机器人能够在制造和装备过程中交换使用不同的末端执行器增加柔性，被广泛应用于自动点焊、弧焊、材料抓举、冲压、检测、卷边、装配、材料去除、毛刺清理、包装等操作。

另外，工具快换装置在一些重要的应用中能够为工具提供备份工具，有效避免意外事件。人工更换工具需数小时，而工具快换装置自动更换备用工具能够在数秒钟内就能完成。同时，该装置还被广泛应用在一些非机器人领域，包括托台系统、柔性夹具、人工点焊和人工材料抓举。

机器人的最后一轴末端一般为法兰盘结构（见图 3.14），以方便用户将末端执行装置与机器人本体进行连接。安装时，只需将螺丝将对应法兰盘上的孔连接起来即可。图 3.15 所示为码垛机械手安装后的效果。

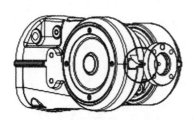

图 3.14　六轴机器人末端法兰

图 3.15　码垛机械手

本章小结

本章重点讲述了工业机器人的选购与安装的相关知识，主要以常用的 ABB 机器人为例进行了相关介绍。本章介绍了工业机器人选用相关的一些主要参数，主要包括自由度、承载能力、工作空间、速度和精度等；介绍了工业机器人选用的相关知识及相关原则，主要包括机器人的应用场合、机器人的工作参数要求和机器人的经济性要求等；介绍了选用机器人的一般步骤以及工业机器人的安装和注意事项。

思考题

1. 工业机器人的基本参数有哪些？
2. 什么是工业机器人的自由度？
3. 什么是冗余自由度机器人？
4. 机器人有效负载的影响因素有哪些？
5. 简述选用机器人的步骤。
6. 机器人本体与控制柜之间的连接主要包括几部分？

第4章　工业机器人的测试

4.1　工业机器人测试标准

对于工业机器人的性能测试，制造商、用户和独立的试验部门均可按相应的国家标准所述的试验项目对某个机器人或样机进行研究和检验，但定型试验和验收试验必须在经过批准的、有认证资质的实验室或制造商、用户以外的具有符合标准要求的试验设备的实验室进行。

（1）振动测量包括两类：一是对引起噪声辐射的物体振动测量；二是对环境振动测量。最常使用的振动方式可分为正弦振动及随机振动。正弦振动是实验室中经常采用的试验方法，以模拟旋转、脉动、震荡（在船舶、飞机、车辆）所产生的振动以及产品结构共振频率分析和共振点驻留验证为主，其又分为扫频振动和定频振动两种，其严苛程度取决于频率范围、振幅值、试验持续时间。随机振动则以模拟产品整体性结构耐振强度评估以及在包装状态下的运送环境评估为主，其严苛程度取决于频率范围、GRMS、试验持续时间和轴向。

（2）重复定位精度测试，工业机器人一般为 0.05～0.1 mm，均为实验数据，最高为 0.02（某些特殊型号才可达），实际使用中常为 0.08 左右，但基本能满足工业用途。

（3）机械冲击测试的目的是在正常和极限温度下当产品受到一系列冲击时，验证工业机器人的各性能是否失效。冲击试验的技术指标包括峰值加速度、脉冲持续时间、速度变化量（半正弦波、后峰锯齿波、梯形波）和波形选择。冲击次数若无特别要求，每个面冲击 3 次，共 18 次。许多产品在使用、装卸、运输过程中都会受到冲击。冲击的量值变化很大并具有复杂的性质。因此，冲击和碰撞可靠性测试适用于确定机械的薄弱环节，考核产品结构的完整性。碰撞试验的技术指标包括峰值加速度、脉冲持续时间、速度变化量（半正弦波）、每方向碰撞次数。注意冲击和碰撞的方向应是 6 个面，而不是 X、Y、Z 3 个方向。在环境试验中，振动、冲击和碰撞是有共通点的：这三种试验都是可以作为对产品本身机构强度的一种有效检验手段。但是振动试验讲究持续性、疲劳性，如产品在运输过程或者一些发动机上的元件在运行时都是一个长期的过程。冲击试验具有瞬间性和破坏性。理论上跌落试验也算是冲击的一种，一般冲击试验机是将物品固定在平台上，然后将平台上升，利用重力加速度冲击，冲击波形有半正弦波、梯形波、三角波。碰撞试验可以看作重复性的冲击累加。但是碰撞试验一般是利用物体动能来测试的，碰撞试验有平面的，也有斜面的。

（4）高低温测试。在自然环境中，温度和湿度是不可分割的两个自然因素，不同地区由于地理位置不同，产生的温度、湿度效应也各不相同。例如，我国北方地区冬天是低温低湿的环境，而南方地区的夏天是高温高湿的环境。测试是用来确认产品在温湿度气候环境条件下储存、运输、使用的适应性。测试的严苛程度取决于高/低温、湿度和曝露持续时间。高低温测试箱如图 4.1 所示。

图 4.1　高低温测试箱

（5）电磁兼容测试，也称 EMC（Electro Magnetic Compatibility），是指设备或系统在其电磁环境中符合要求运行并不对其环境中的任何设备产生无法忍受的电磁干扰的能力。EMC 设计与 EMC 测试是相辅相成的。EMC 设计的好坏是要通过 EMC 测试来衡量的。只有在产品的 EMC 设计和研制的全过程中，进行 EMC 的相容性预测和评估，才能及早发现可能存在的电磁干扰，并采取必要的抑制和防护措施，从而确保系统的电磁兼容性。否则，当产品定型或系统建成后再发现不兼容的问题，则需在人力、物力上花很大的代价去修改设计或采用补救的措施。然而，这样往往也难以彻底地解决问题，会给系统的使用带来许多麻烦。EMC 测试包括测试方法、测量仪器和试验场所，测试方法以各类标准为依据，测量仪器以频域为基础，试验场地是进行 EMC 测试的先决条件，也是衡量 EMC 工作水平的重要因素。EMC 检测受场地的影响很大，尤其以电磁辐射发射、辐射接收与辐射敏感度的测试对场地的要求最为严格。目前，国内外常用的试验场地有开阔场、半电波暗室、屏蔽室、混响室及横电磁波小室等。

EMC 测试实验室有两种类型。一种是经过 EMC 权威机构审定和质量体系认证而且具有法定测试资格的综合性设计与测试实验室，或称检测中心。它包括有进行传导干扰、传导敏感度及静电放电敏感度测试的屏蔽室，有进行辐射敏感度测试的消声屏蔽室，有用来进行辐射发射测试的开阔场地和配备齐全的测试与控制仪器设备。另一种类型就是根据本单位的实际需要而建立的具有一定测试功能的 EMC 实验室。比起大型的综合实验室，这类测试实验室规模小，造价低，主要适用于预相容测试和 EMC

评估，也就是为了使产品在最后进行 EMC 认证之前，具有自测试和评估的手段。电磁兼容测试实验平台如图 4.2 所示。

图 4.2　电磁兼容测试实验平台

4.2　工业机器人性能测试方法

4.2.1　概　况

机器人性能测试方法基本上可分为：测量头法、机械测量方法和光学测量方法。前两种是属于接触式的，后一种是非接触式的。下面分别对这 3 种测试方法进行简单介绍。对工业机器人的单项性能指标进行测试，测量头法是一种既简单又有效的方法。它测试过程简单、造价低，但测试性能单一。若要对一台工业机器人进行综合性能测试，必须同时具备各种功能的测量头，并且测试过程要经过多次装卸，既费力又费时，此外它还受机器人外形结构的限制，像手爪姿态这样一些性能指标很难用测量头法来实现。

机械测试装置是利用机械多杆机构跟随机器人做编程运动，将机构运动副上的信息传感器采样，经数据处理后来描述机器人运动性能的一种测试装置。首先，测试机的工作空间必须包容机器人的工作空间。其次，测试机的分辨率必须比机器人在精度上高一个等级。由于机械测试装置的机械传动部分必然存在误差，这要求在数据处理上对误差进行一定的补偿。要得到一台高精度的测试装置，还必须选择较优越的机械结构、较高的零件加工精度。

光学测量仪器具有较大的测量范围和多种应用的可能性。迄今为止提出的光学测量仪器的不足之处绝大多数是价格昂贵，较难应用于实际作业场合。

为了规范工业机器人的产品与应用，我国出台了一系列相关的规范与标准。为了方便学习与查阅，至今现行的规范与标准汇总如表 4.1 所示。

表 4.1　工业机器人的产品规范

序号	标准号	标准名	英文名	实施日期
1	GB11291.1 —2011	工业环境用机器人安全要求 第 1 部分：机器人	Robots for industrial environments. Safety require	2011-10-01
2	GB/T26153.2 —2010	离线编程式机器人柔性加工系统第 2 部分：砂带磨削加工系统	Flexible manufacturing system of off-line programm	2011-06-01
3	GB/T26154 —2010	装配机器人通用技术条件	General specifications of assembly robots	2011-06-01
4	GB/T26153.1 —2010	离线编程式机器人柔性加工系统第 1 部分：通用要求	Flexible manufacturing system of off-line programm	2011-06-01
5	GB/T14283 —2008	点焊机器人通用技术条件	General specifications of spot-welding robots	2009-03-01
6	GB/T20867 —2007	工业机器人安全实施规范	Industrial robot. Safety implementation specificat	2007-08-01
7	GB/T20868 —2007	工业机器人性能试验实施规范	Industrial robot. Detailed implementation specific	2007-08-01
8	GB/Z20869 —2007	工业机器人用于机器人的中间代码	Industrial Robot. Intermediate Code for Robot（ICR）	2007-08-01
9	GB/Z19397 —2003	工业机器人电磁兼容性试验方法和性能评估准则指南	Industrial robots-EMC methods and performance eval	2004-05-01
10	GB/T12642 —2001	工业机器人性能规范及其试验方法	Industrial robots. Performance criteria and relate	2002-05-01
11	GB/T12644 —2001	工业机器人特性表示	Industrial robots.Presentation of characteristics	2002-05-01
12	GB/T12643 —1997	工业机器人词汇	Industrial robots. Vocabulary	1998-04-01
13	JB/T10825 —2008	工业机器人产品验收实施规范	Industrial robot. Product acceptance implementation	2008-07-01
14	SHS04601— 2004	SK120 型全自动机器人维护检修规程	SK120 type automatic robot maintenance specific	2004-06-21
15	JB/T9182— 1999	喷漆机器人通用技术条件	General specifications of spray-painting robot	2000-01-01
16	JB/T8896— 1999	工业机器人验收规则	Industrial robot. Acceptance rules	2000-01-01
17	JB/T5065— 1991	弧焊机器人通用技术条件	General specifications of arc-welding；robot	1992-07-01
18	CNS14490 —2000	工业用机器人-安全性	Manipulating industrial robots-Safety	2000-11-30
19	CSAZ434-03 —2003	工业机器人和自动控制系统一般安全要求（第 2 版）	Industrial Robots and Robot Systems. General Safet	2003-02-01

4.2.2 机器人精度测试指标

对于工业机器人，用户对机器人的精度最为关心，在验收工作中也是重点和难点。为此国家专门发布了 GB/T 12642—2001《工业机器人性能规范及其试验方法》。

根据工业机器人的功能和用途，工业机器人的主要精度指标一般分为位置和姿态精度、控制精度、轨迹精度和运动摆动精度等，分别细化的指标有：

（1）位置与姿态精度：位置与姿态精确度和位置与姿态重复性；多方向位置与姿态准确度变动；距离准确度和距离重复性。

（2）控制精度：位置稳定时间；位置超调量；位置特性漂移。

（3）轨迹精度：轨迹准确度和轨迹重复度；重定向轨迹准确度；拐角偏差；轨迹速度特性；最小定位时间；静态柔顺性。

（4）运动摆动精度：摆动偏差。

以上是一个宽泛的技术特征，根据其功能的应用工况不同，可以有选择性地对某些项目指标进行规定的测试和验收，也可用于样机试验的定型试验或验收试验。

测试前，机器人应装配完毕，并可全面操作；所有必要的校平操作、调整步骤及功能试验均圆满完成。除位置与姿态特性的漂移试验应由冷态开始外，不管制造商是否有规定，其余的试验在试验前应进行适当的预热运行。若机器人具有由用户使用的、会影响被测特性的设备，或如果只能用特殊函数来记录特性（如离线编程给出的位置与姿态校准设施）的设备，则试验中的状态必须在试验报告中说明，并且（与某种特性有关时）每次试验中均应保持不变。

测试的环境温度应为 20 ℃，若采用其他的环境温度应在试验报告中指明，并加以解释。试验温度应保持在为使机器人和测量仪器在试验前处于热稳定状态下，需将它们置于试验环境中足够长的时间（最好一昼夜），还需防止通风和外部热辐射（如阳光加热器）。

位移测量原则：被测位置和姿态数据（x_j、y_j、z_j、a_j、b_j、c_j），应以机座坐标系来表示，或以测量设备所确定的坐标系来表示。

若机器人指令位置与姿态和轨迹由另一坐标系（如离线编程）确定，而不是测量系统来确定，则必须把数据转换到一个公共坐标系中。

用测量建立坐标系间的相互关系。在此情况下，图 4.3 给出的测量位置与姿态不能用作转换数据的参照位置。参照点和测量点需在试验立方体内且彼此距离应尽可能大，如若 p_5 到 p_1 为测量点，则 p_2、p_3、p_4 可用作参照点。

对于性能规范的有向分量，机座坐标系和所选坐标系的关系应在试验结果中说明。所有试验项目都应在 100% 额定负载条件下进行，即制造商规定的质量重心位置和惯性力矩额定负载条件应在试验报告中注明。为表征机器人与负载有关的性能，可采用如表 4.2 中指出的将额定负载减至 10% 或由制造商指定的其他数值进行附加试验。

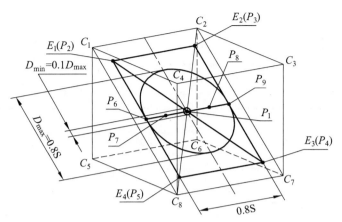

图 4.3　机器人运动空间立方体

（注：图中 S 表示立方体的边长）

表 4.2　额定负载测试表

试验特性	使用负载	
	100% 额定负载 （×表示必须采用）	额定负载减至 10% （○表示选用）
位置与姿态准确度和位置与姿态重复性	×	○
多方向位置与姿态准确度变动	×	○
距离准确度和距离重复性	×	—
位置稳定时间	×	○
位置超调量	×	○
位置与姿态特性漂移	×	—
互换性	×	○
轨迹准确度和轨迹重复性	×	○
重定向轨迹准确度	×	○
拐角偏差	×	○
轨迹速度特性	×	○
最小定位时间	×	○
静态柔顺性	—	—
摆动偏差	×	○

　　机器人测试的速度也会影响到测试结果。根据相关标准规定，所有位置与姿态特性试验都应在指定位置与姿态间可达到的最大速度下进行，即在每种情况下速度补偿均置于 100%，并可在此速度的 50% 或 10% 下进行附加试验。

　　对于每一种轨迹特性应在制造商规定的额定轨迹速度的 100%，50% 和 10%，表 4.3 和表 4.4 给出了试验速度的汇总，在试验报告中应注明额定轨迹速度，每次试验所规定的速度取决于轨迹的形状和尺寸。机器人至少应能在试验轨迹的长度内达到此速度。此时，相关的性能指标才是有效的。如果可选择，应在试验报告中说明速度是以点位方式还是以连续轨迹方式来规定的。

表 4.3 位置与姿态特征试验速度

试验特性	速度	
	100% 额定速度 （×＝必测）	50% 或 10% 额定速度 （○＝速测）
位置与姿态准确度和位置与姿态重复性	×	○
多方向位置与姿态准确度变动	×	○
距离准确度和距离重复性	×	○
位置稳定时间	×	○
位置超调量	×	○
位置与姿态特性漂移	×	—
互换性	×	○
最小定位时间		

表 4.4 轨迹特征的试验速度

试验特性	速度		
	100% 额定轨迹速度 （×＝必测）	50% 额定轨迹速度 （×＝速测）	10% 额定轨迹速度 （×＝必测）
轨迹准确度和轨迹重复性	×	×	×
重定向轨迹准确度	×	×	×
拐角偏差	×	×	×
轨迹速度特性	×	×	×
摆动偏差	×	×	×

4.2.3 工业机器人基础性能测试方法

通过莱卡激光跟踪仪、NDI 便携式三坐标测试系统实现工业机器人性能测试，包括位置与姿态准确度和位置与姿态重复性、多方向位置与姿态准确度变动、距离准确度和距离重复性、位置稳定时间、定位惯量距离、位置与姿态特性漂移、互换性、轨迹准确度和轨迹重复性、重新定位的路径精度、拐角偏差、轨迹速度特性、最快稳定时间、静态变化、迂回行进偏差、各轴运动范围、工作空间、最大单轴速度、工作速度范围等。

首先将工业机器人、莱卡激光跟踪仪、NDI 便携式三坐标测试系统按照机器人生产厂家的要求安装在适合的环境中，在机器人周围空间设立一个立方体，假设立方体上表面 4 个角分别为 $C1$，$C2$，$C3$，$C4$，下表面对应 4 个角分别为 $C5$，$C6$，$C7$，$C8$，如图 4.3 所示。

　　启动机器人，让机器人按照要求分别运动，通过 NDI 光学追踪器将运动过程分别记录下来，可以分析出以下性能：

　　（1）定位精度和重复定位精度（见图 4.4）：让机器人末端按照 P_1—P_5—P_4—P_3—P_2—P_1 的顺序循环运动 30 次，通过分析可以得出机器人的定位精度和重复定位精度。

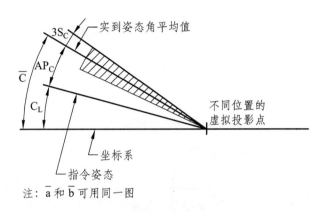

图 4.4　定位精度和重复定位精度

　　（2）多向姿态变化（见图 4.5）：让机器人末端按照 P_1—P_2，P_2—P_1，P_1—P_4，P_4—P_1 的顺序循环运动各 30 次，可以得出机器人的姿态精度。

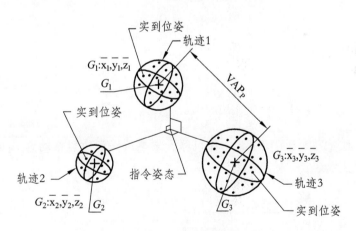

图 4.5　多向姿态变化

　　（3）距离精度和重复精度（见图 4.6）：计算出每次两节点间的距离，然后比较每次距离间的变化，可以得出机器人的距离精度和重复精度。

　　（4）定位稳定时间（见图 4.7）：将机器人末端每次从到达至完全稳定的时间记录下来，可以得出机器人的稳定时间。

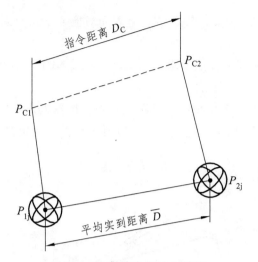

图 4.6　距离精度和重复精度

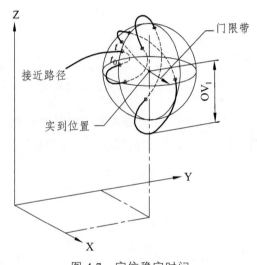

图 4.7　定位稳定时间

（5）定位惯量距离（见图 4.8）：让机器人末端从任意位置移动到 P_1 点，然后停止运动，一共做 3 次。

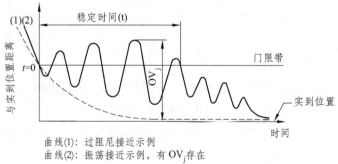

曲线(1)：过阻尼接近示例
曲线(2)：振荡接近示例，有 OV_j 存在

图 4.8　定位惯量距离

（6）姿态漂移（见图 4.9）：通过比较，可以得出机器人在长时间运转时整体姿态的漂移。

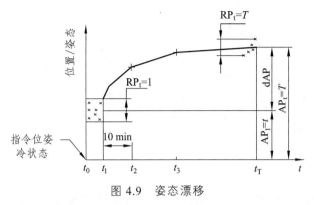

图 4.9　姿态漂移

（7）可替换性（见图 4.10）：将机器人拆下，安装同型号另一台机器人在相同位置，再运转相同程序 30 次并做记录，直到完成所有 5 台机器人的记录，然后比较 5 台机器人运动姿态的差异，可以得出此类机器人可替换性性能的高低。

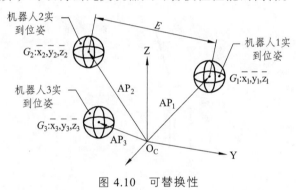

图 4.10　可替换性

（8）路径精度和路径重复性（见图 4.11）：分析机器人的路径精度和路径重复性，圆形路线可以按照图中以 P_1 为圆心，P_6—P_9 为直径的圆做圆周运动 10 周，通过 NDI 光学追踪器将机器人所有运动路径记录下来，分析机器人的路径精度和路径重复性。

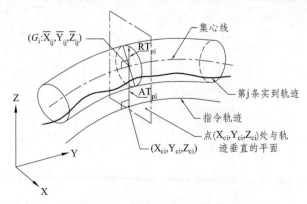

图 4.11　路径精度和路径重复性

（9）重新定位的路径精度（见图 4.12）：重新定位后的路径与定位前的区别。

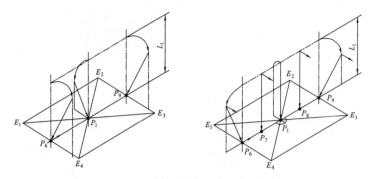

图 4.12　重新定位的路径精度

（10）转弯偏差（见图 4.13）：通过分析，可以得出机器人在每个转角由于惯性等各种因素造成的转弯偏差。

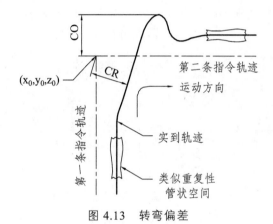

图 4.13　转弯偏差

（11）路径速度（见图 4.14）：通过 NDI 便携式三坐标测试系统将机器人的运动状态记录下来，可以分析出机器人在运动过程中的速度参数。

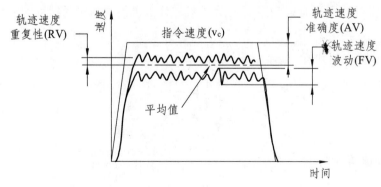

图 4.14　路径速度

（12）最快稳定时间（见图 4.15）：通过比较，可以得出机器人的最快稳定时间。

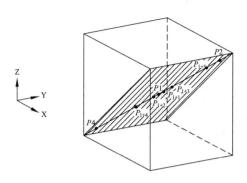

图 4.15　最快稳定时间

（13）静态变化：通过 NDI 便携式三坐标测试系统记录机器人的姿态变化，可以得出机器人的静态变化。

（14）迂回行进偏差（见图 4.16）：迂回频率偏差主要评价相同路径间行进频率的偏差。

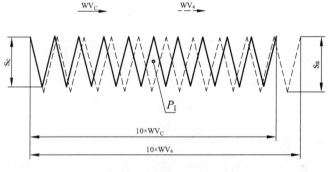

图 4.16　迂回行进偏差

4.3　加速寿命试验测试

机器人寿命（平均无故障时间）是机器人可靠性的一个重要指标。国外一些知名品牌的机器人平均无故障时间可以达到 6 万到 8 万小时，而国内工业机器人的要求只有 5 000 h，且大多数机器人往往还达不到这一标准。寿命测试系统研究的最终目标是通过高加速试验计算工业机器人的平均无故障时间。为了实现这一目标，需要进行以下步骤：

1. 高加速寿命试验（HALT）

传统的工业机器人可靠性试验的原理就是模拟工业机器人现场工作条件和环境条件，将各种工作模式以及各种应力按照一定的时间比例、一定的循环次序反复施加到工业机器人上，经过对工业机器人的失效分析与处理，将得到的数据信息反馈到设计、工艺、制造、采购等部门，并进行持续改进，以提高产品的固有可靠性；同时依据试验的结果对产品的可靠性做出评估。

工业机器人高加速寿命试验技术不同于传统的可靠性试验，它是利用高负载、高机械应力和高变温率来实现高加速的，因为具有很高的效率，能够将原来需要花费 6个月甚至 1 年的机器人可靠性试验极大缩短，并且在这段时间中所发现的产品质量问题几乎与用户应用后所发现的问题一致，使得经过 HALT 试验的产品使用故障率大大降低。工业机器人高加速寿命试验可按表 4.5 的规定进行试验。

表 4.5　高加速寿命试验

试验顺序	试验项目
1	常温性能测试
2	温度均匀性测试
3	低温步进试验
4	高温步进试验
5	快速温变循环试验
6	负载步进试验
7	振动步进试验
8	快速温变循环、负载步进振动步进综合试验

2. 平均无故障时间测试（MTTF）

高加速寿命试验是平均无故障时间测试研究的前提，通过 HALT 试验筛选出影响工业机器人的应力（如负载应力、温度应力、振动应力），通过进行各类大量的应力步进试验，记录试验数据，绘制机器人性能特性变化曲线，确定应力量级对平均无故障时间的影响，并对应力与寿命关系进行建模，最终确定机器人平均无故障时间的加速测试方法。

4.4　润滑试验测试

工业机器人润滑是防止或延缓工业机器人磨损的重要手段之一，加强工业机器人管理，是保证工业机器人完好，充分发挥工业机器人效能，减少工业机器人事故和故障，延长工业机器人使用精度和寿命，提高工业机器人运行效益的重要前提。工业机器人润滑试验测试就是采用科学的手段，针对工业机器人的型式、各轴的运转速度、减速机的位置及载荷情况，对机器人润滑系统进行试验测试，帮助企业选用正确的润滑材料，确定润滑时间、部位及数量，最终实现机器人的合理定期润滑和节约用油，达到减少零部件之间的摩擦磨损、防止锈蚀、延长寿命、降低能耗、防止污染等目标。

　　润滑试验通过添加不同润滑油，来测试不同润滑油对工业机器人的影响，润滑油是用在各种类型机械上以减少摩擦，保护机械及加工件的液体润滑剂，主要起润滑、冷却、防锈、清洁、密封和缓冲等作用。润滑油一般由基础油和添加剂两部分组成。基础油是润滑油的主要成分，决定着润滑油的基本性质，添加剂则可弥补和改善基础油性能方面的不足，赋予某些新的性能，是润滑油的重要组成部分。

　　部分润滑油检测项目：

■运动黏度	■黏度指数	■闪点
■酸值	■水溶性酸或碱	■PQ 指数
■颗粒计数	■氧化度	■不溶物
■燃油稀释	■乙二醇含量	■积碳
■硫化物	■密度	■凝点
■倾点	■色度	■皂化值
■残炭	■灰分	■空气释放值
■击穿电压	■折光指数	■水分离性
■碳含量	■氢含量	■硫含量
■氮含量	■氯含量	

润滑油检测相关标准：

GB/T 12578—1990《润滑油流动性测定法》（U 形管法）

GB/T 12579—2002《润滑油泡沫特性测定法》

GB/T 12583—1990《润滑油极压性能测定法》（四球法）

GB/T 12709—1991《润滑油老化特性测定法》（康氏残炭法）

GB/T 17038—1997《内燃机车柴油机油》

SH/T 0024—1990（2000）《润滑油沉淀值测定法》

SH/T 0072—1991《液体润滑剂摩擦系数测定法》（振于法）

SH/T 0074—1991《汽油机油薄层吸氧氧化安定性测定法》

SH/T 0075—1991《CC 级柴油机油高温清净性评定法》（1135C2 法）

SH/T 0076—1991（2000）《润滑油中糠醛试验法》

SH/T 0077—1991（2000）《润滑油中铁含量测定法》（原子吸收光谱法）

SH/T 0102—1992（2000）《润滑油和液体燃料油中铜含量测定法》（原于吸收光谱法）

本章小结

　　本章介绍了工业机器人的测试标准，以及工业机器人性能测试方法、基础性能测试方法，分析了加速寿命试验测试和润滑试验测试主要方法。

思考题

1. 什么是工业机器人加速寿命？
2. 工业机器人定位精度和重复如何测试？
3. 工业机器人路径精度和路径重复性如何测试？
4. 如果定位工业机器人惯量距离？
5. 机器人性能测试有哪些方法？
6. 工业机器人的主要精度指标有哪些？
7. 工业机器人高加速寿命试验是按照哪些规定进行试验？
8. 润滑油检测项目包括哪些内容？

第5章　工业机器人日常使用与维护

5.1　工业机器人日常使用指南

5.1.1　系统安全及环境保护

由于机器人系统复杂而且危险性大，在练习期间，对机器人进行任何操作都必须了解其相应的功能。一般通过机器人自带的 3 本技术资料进行操作前的学习：《用户手册》，介绍如何操作；《产品手册》，介绍如何维修；《编程手册》，介绍如何编程。在实际操作前应注意安全，无论什么时候进入机器人工作范围都可能导致严重的伤害，只有经过培训认证的人员才可以进入该区域。而且必须在遵照下述要求的前提下进行操作：

（1）万一发生火灾，须使用二氧化碳灭火器。

（2）急停开关（E-Stop）不允许被短接。

（3）机器人处于自动模式时，任何人员都不允许进入其运动所及的区域。

（4）在任何情况下，不要使用机器人原始启动盘，使用复制盘。

（5）机器人停机时，夹具上不应置物，必须空机。

（6）机器人在发生意外或运行不正常等情况下，均可使用 E-Stop 键，停止运行。

（7）因为机器人在自动状态下，即使运行速度非常低，其动量仍很大，所以在进行编程、测试及维修等工作时，必须将机器人置于手动模式。

（8）气路系统中的压力可达 0.6 MPa，任何相关检修都要切断气源。

（9）在手动模式下调试机器人，如果不需要移动机器人时，必须及时释放使能器（Enable Device）。

（10）调试人员进入机器人工作区域时，必须随身携带示教器，以防他人误操作。

（11）在得到停电通知时，要预先关断机器人的主电源及气源。

（12）突然停电后，要赶在来电之前预先关闭机器人的主电源开关，并及时取下夹具上的工件。

（13）维修人员必须保管好机器人钥匙，严禁非授权人员在手动模式下进入机器人软件系统，不得随意翻阅或修改程序及参数。

（14）必须研读机器人自带的《用户指南》手册，以了解其安全注意事项。

5.1.2 机器人示教器简介

工业机器人示教器（FlexPendant）由硬件和软件组成，其本身就是一成套完整的计算机，是工业机器人的一个组成部分，通过集成电缆和连接器与控制器连接。不同品牌的工业机器人都有其专用的示教器。本书以 ABB 机器人自带的示教器为例进行介绍。

图 5.1 所示为工业机器人示教器，图（a）为示教器反面，图（b）为示教器正面，各功能按键都已经标识清楚。示教器出厂时，默认的显示语言是英语，为了更方便操作，下面介绍把显示语言设定为中文的操作步骤。

第一步，单击 ABB 主菜单下拉菜单，如图 5.2 所示。

第二步，选择 Control Panel，将会跳出如图 5.3 所示的界面。

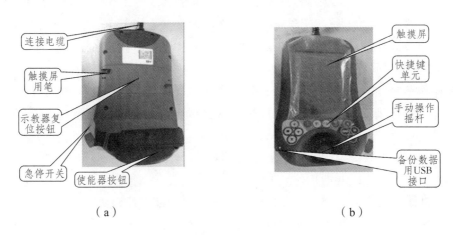

（a）　　　　　　　　　　　　　　（b）

图 5.1　工业机器人示教器正反面

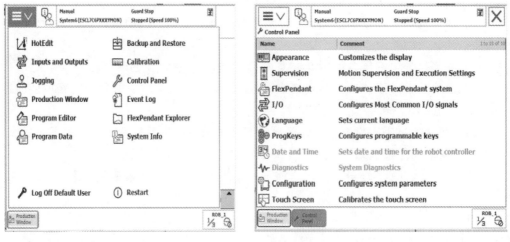

图 5.2　示教器下拉菜单界面　　　　　图 5.3　示教器 Control Panel 界面

第三步，选择 Language 中的 Chinese，如图 5.4 所示。

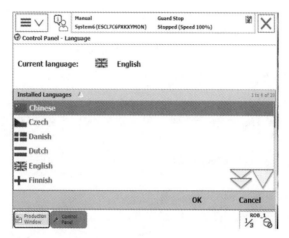

图 5.4　示教器选择中文界面

第四步，选择单击 OK，系统重新启动，如图 5.5 所示。

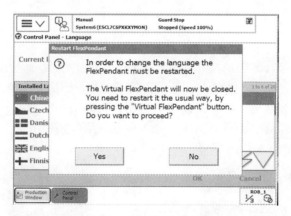

图 5.5　示教器重启界面

第五步，重启后，系统自动切换到中文模式，如图 5.6 所示。

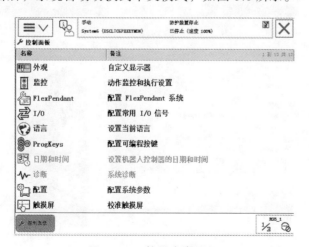

图 5.6　示教器中文界面

下面对示教器上常用的按键进行简单介绍。

：将机器人操作模式选择器置于手动限速模式。

：切换至操纵窗口。

：External Unit——外轴运动单元。Robot——机器人光标指向机器人，操纵杆操纵机器人本体运动。光标指向外轴，操纵杆操纵外轴，一台机器人最多可控制六个外轴。

：Linear——直线运动。机器人工具姿态不变，机器人 TCP 沿坐标轴线性移动。选择不同坐标系，机器人移动方向将改变。

：Axes——单轴运动。Axes1，2，3——第一、二、三轴；Axes4，5，6——第四、五、六轴。

使能按钮位于示教器手动操作摇杆的右侧，其操作方式如图 5.7 所示，操作者应用左手 4 个手指进行操作，机器人在手动模式下工作时，使能按钮必须在正确的位置，保证机器人各个关节电机上电。使能按钮分两挡，在手动状态下，第一挡按下去，机器人将处于电动机开启状态，如图 5.8（a）所示。第二挡按下去，机器人将处于防护装置停止状态，如图 5.8（b）所示。

图 5.7　手动操作的使能按键

（a）开启状态

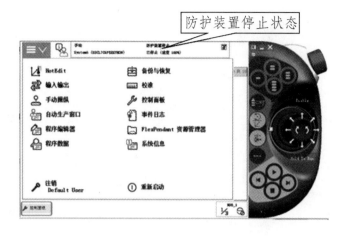

（b）停止状态

图 5.8　使能按键两挡显示

使能器按钮是工业机器人为保证操作人员人身安全而设置的，只有在按下使能器按钮，并保证在"电机开启"的状态，才能对机器人进行手动操作与程序调试。但发生危险时，人会本能地将使能器按钮松开或按紧，机器人则会马上停止，保证安全。

5.1.3　机器人校准

ABB 机器人每个关节轴都有一个机械原点的位置。在以下情况下，需要对机械原点的位置进行转数计数器的更新操作：

（1）更换伺服电动机转数计数器电池后。

（2）当转数计数器发生故障，修复后。

（3）转数计数器与测量板之间断开过以后。

（4）断电后，机器人关节轴发生了移动。

（5）当系统报警提示"10036 转数计数器未更新"。

转数计数器用来告诉电机轴在齿轮箱中的转数，若此值丢失，机器人将不能运行任何程序。更新转数计数器时，可以手动操作 6 个轴到同步标记位置上（标准位置有划线标记或者有卡尺标记，不同型号的机器人位置不同）。如位置狭小，可以逐轴更新，其顺序是 4—5—6—1—2—3，同时检查是否在正确的位置上更新。下面以机器人 IRB1600 为例进行更新操作。根据图 5.9 所示的机器人的 6 个机械原点刻度，使用手动操纵让机器人各关节轴运动到机械原点刻度位置。

第一步，进入校准界面，如图 5.10 所示。

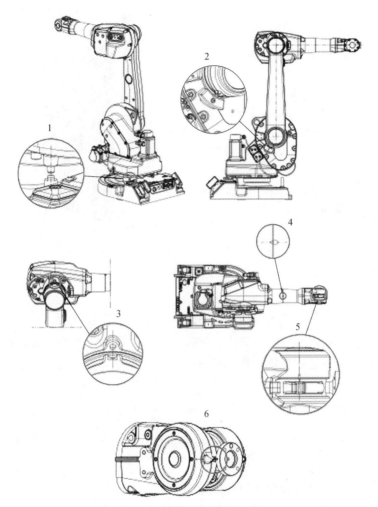

图 5.9 机械原点刻度的示意图

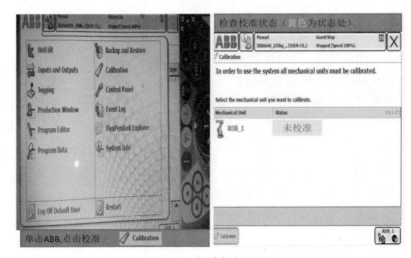

图 5.10 校准初始界面

第二步，手动操作机器人各关节至原点刻度，如图 5.11 所示。

第三步，在示教器中选中所有的轴，如图 5.12 所示。

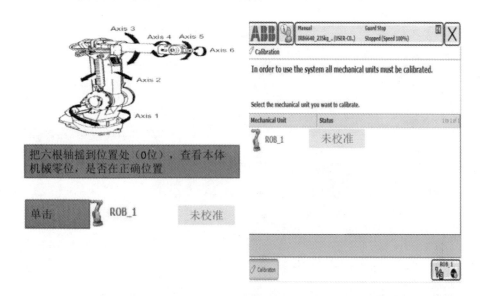

图 5.11　对准机器人机械原点

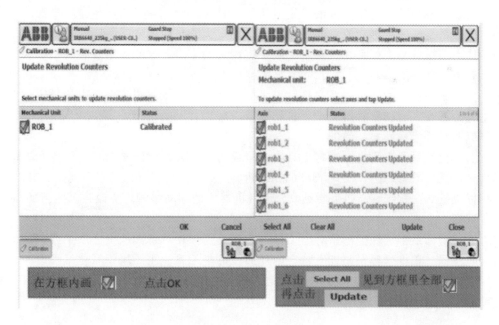

图 5.12　选中所有的轴

第四步，在示教器中先点击更新，再确认，如图 5.13 所示。

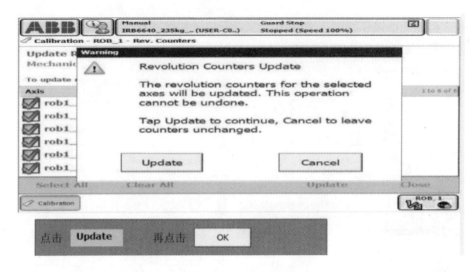

图 5.13　选择更新

5.1.4　定义工具、工件坐标系

前期准备工作都已经完成后，当需要对机器人进行实际操作之前，还需要简单了解工业机器人常用的几种坐标系：基坐标系、大地坐标系、工件坐标系、工具坐标系，以及工具坐标系和工件坐标系的设定方法。

坐标系是从一个称为原点的固定点通过轴定义的平面或空间。

基坐标系：基坐标系在机器人基座中有相应的零点，这使固定安装的机器人的移动具有可预测性。

大地坐标系：大地坐标系又称世界坐标系，在工作单元或工作站中的固定位置有其相应的零点，有助于处理若干个机器人或由外轴移动的机器人。在默认情况下，大地坐标系与基坐标系是一致的。

工具坐标系：工具坐标系将工具中心点设为零位，由此定义工具的位置和方向。工具坐标系中心缩写为 TCP（Tool Center Point）。执行程序时，机器人就是将 TCP 移至编程位置。这意味着，如果要更改，工具机器人的移动将随之更改，以便新的 TCP 到达目标。

工件坐标系：工件坐标系对应工件，它定义工件相对于大地坐标系（或其他坐标系）的位置。工件坐标系是拥有特定附加属性的坐标系，主要用于简化编程。

工具坐标系和工件坐标系需要人为去设定，以方便机器人的编程及工件的装夹定位。

1. 工具坐标系的设定

第一步，进入菜单界面，选择 program data，如图 5.14 所示。

图 5.14　第一步界面

第二步，在手动模式下，进入 program data 界面，选择 tooldata，如图 5.15 所示。

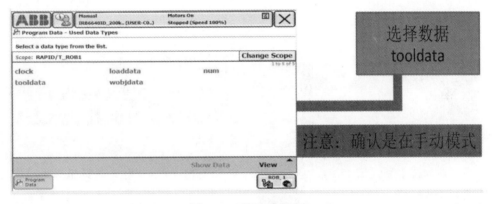

图 5.15　第二步界面

第三步，进入 tooldata 界面，新建一个工具坐标系，如图 5.16 所示。

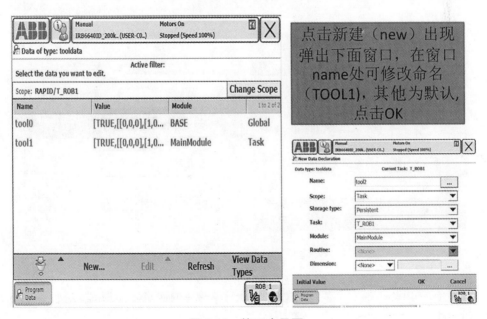

图 5.16　第三步界面

第四步，进入新建的 tool1 界面，开始编辑工具重量，如图 5.17 所示。

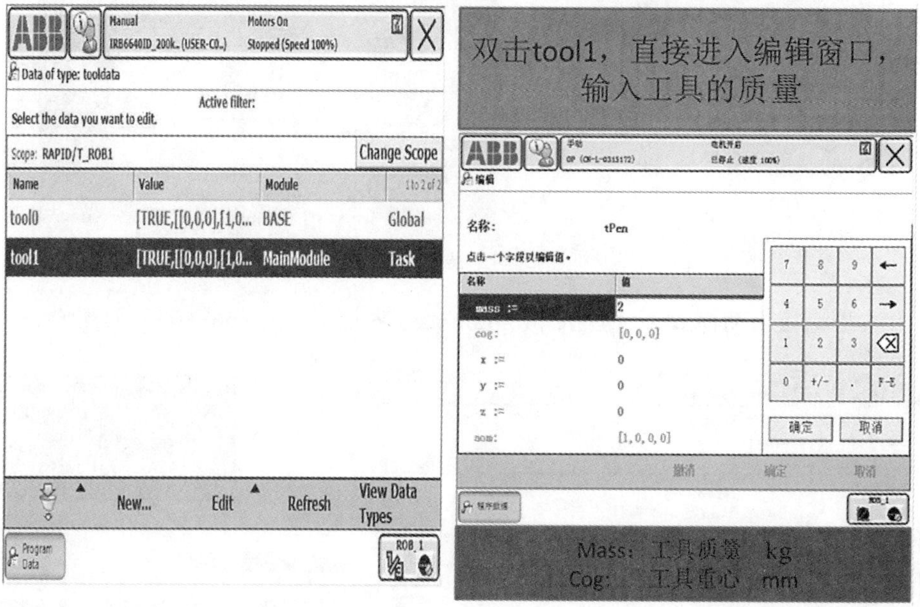

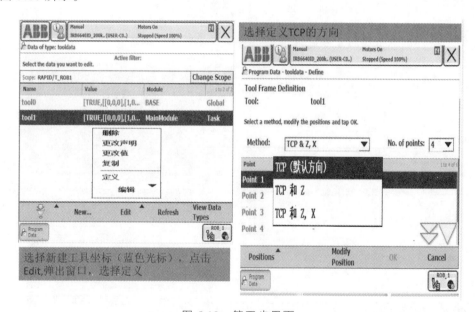

图 5.17　第四步界面

第五步，选中新建的 tool1，单击编辑工具，选择定义，并定义工具坐标系的方向，如图 5.18 所示。

图 5.18　第五步界面

第六步，在 tool1 的定义界面中，根据第五步选择的四点定位原理，进行如图 5.19 所示的操作，建立工具坐标系。

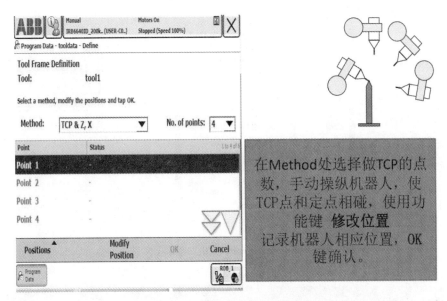

图 5.19　第六步界面及操作

第七步，按图 5.20 所示的步骤检测新建工具坐标系。

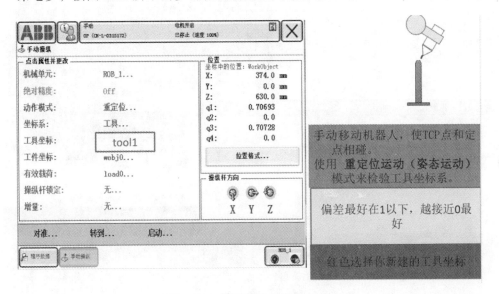

图 5.20　检测新建工具坐标系

2．工件坐标系的设定

在建立完工具坐标系以后，还需要建立工件坐标系。常用工件坐标系的建立方法为三点法，如图 5.21 所示，点 X1 与点 X2 连线组成 X 轴，通过点 Y1 向 X 轴作垂直线，为 Y 轴。所以，只需要手动操作机器人到达 X1、X2、Y1 三个点，并记录，即可建立工件坐标系。其具体的操作流程，分为如下几步进行：

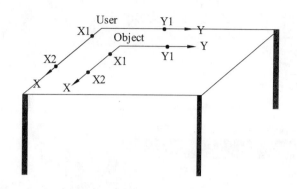

图 5.21　三点法建立工件坐标系原理

第一步，进入菜单界面，选择 program data，如图 5.22 所示。

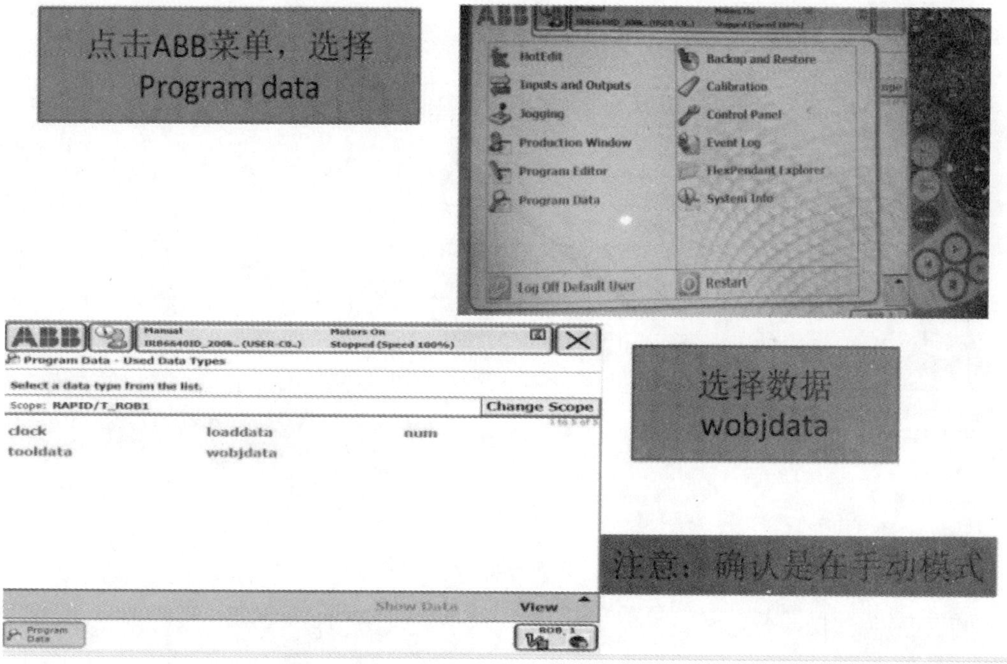

图 5.22　第一步界面

第二步，在手动模式下，进入 program data 界面，新建工件坐标系，如图 5.23 所示。

第三步，进入新建的工件坐标系，并选择三点法，如图 5.24 所示。

第四步，按照如图 5.25 所示的步骤，分别选择 3 个点，建立工件坐标系。

图 5.23　第二步界面

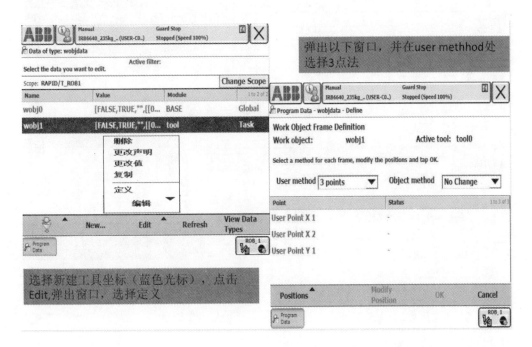

图 5.24　第三步界面

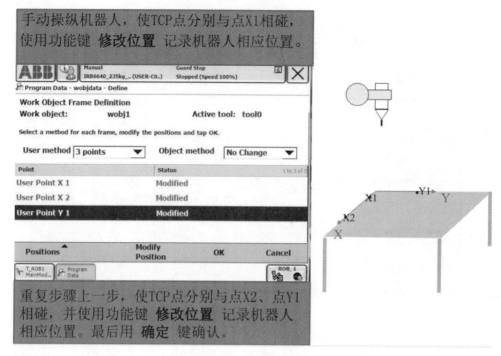

图 5.25　第四步界面

第五步，按照如图 5.26 所示的步骤，对新建的工件坐标系进行检测。

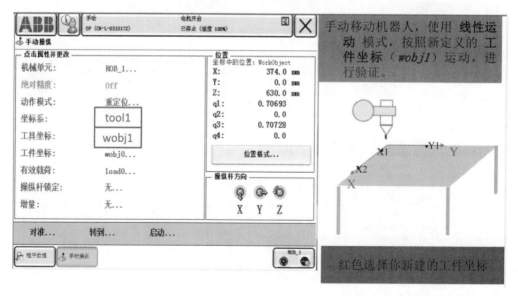

图 5.26　第五步界面

5.1.5　程序编辑与下载

第一步，点击菜单栏，在 ABB 菜单栏内点击程序编辑，如图 5.27 所示。

图 5.27 第一步界面

第二步,点击例行程序。

第三步,点击文件,在窗口内点击新建例行程序,如图 5.28 所示。

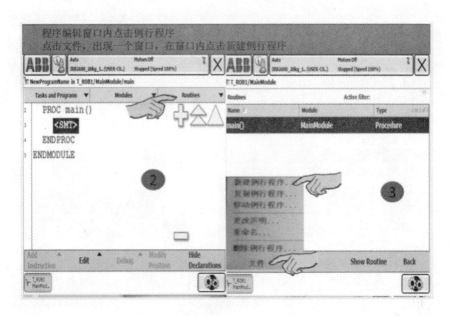

图 5.28 第二、三步界面

第四步,点击 ABC 命名新建的例行程序。

第五步,点击新建的例行程序,再点击 Show Routine,如图 5.29 所示。

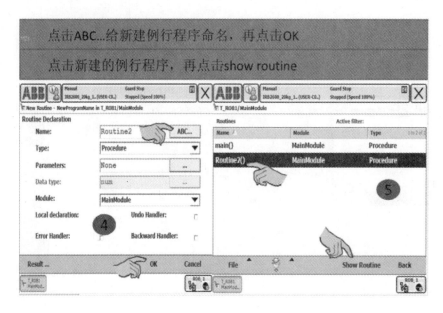

图 5.29　第四、五步界面

第六步，点击 SMT，再点击增加 Add Instruction，单击 MoveAbsj。

第七步，选择位置点，再点击 Debug，选择 View Value，如图 5.30 所示。

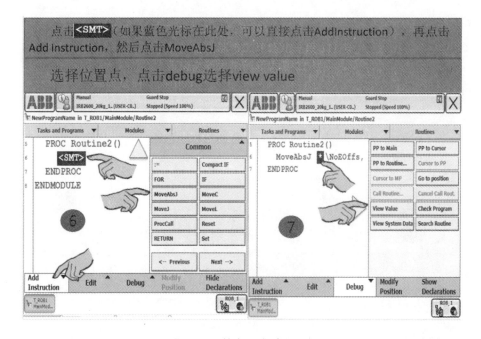

图 5.30　第六、七步界面

第八步，输入各轴位置数据，且数据为 0，并确认，然后运行，确认机械零点是否正确，如图 5.31 所示。

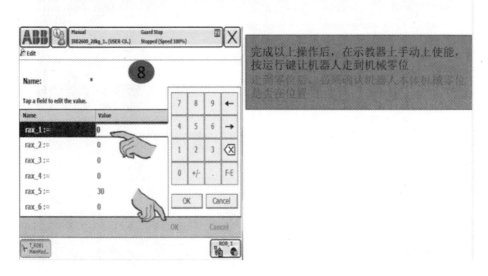

图 5.31　第八步界面

第九步，在新建的例行程序窗口中，点击调试，再点击调用例行程序。

第十步，选择 Load Dentify，点击转到，如图 5.32 所示。

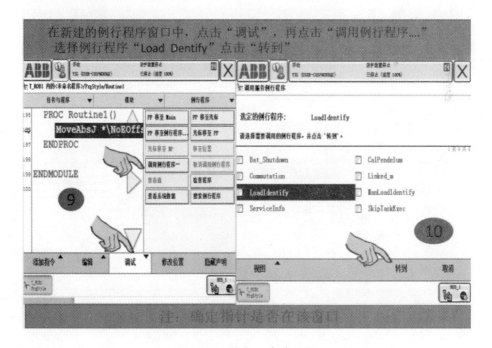

图 5.32　第九、十步界面

第十一步，将出现的程序在使能条件下进行运行，如图 5.33 所示。

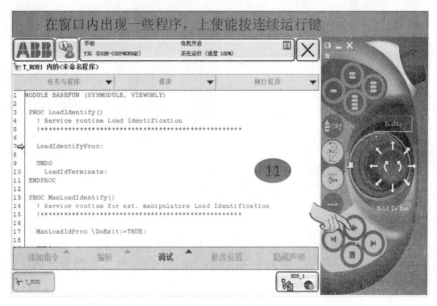

图 5.33　第十一步界面

第十二步，点击确定。

第十三步，选择当前工具，如图 5.34 所示。

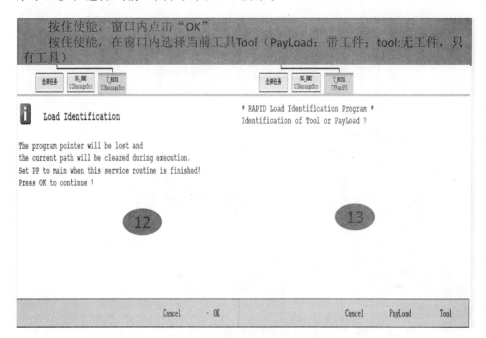

图 5.34　第十二、十三步界面

第十四步，点击确定，如图 5.35 所示。

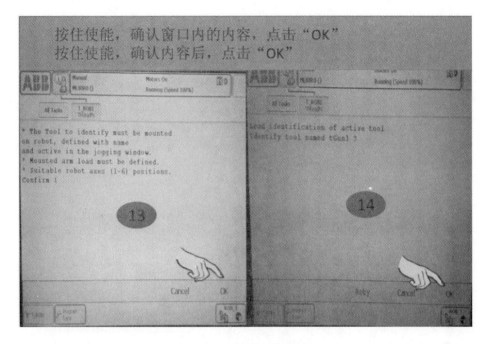

图 5.35　第十四步界面

第十五步，确定要运行的内容，如图 5.36 所示。

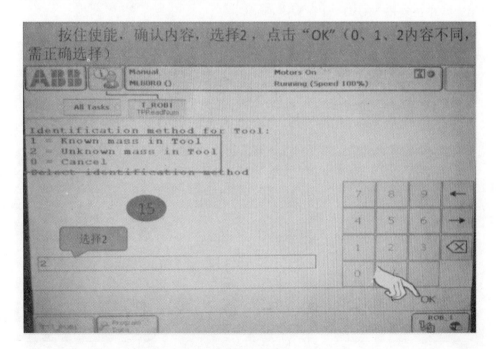

图 5.36　第十五步界面

第十六步，确定要运行的角度，如图 5.37 所示。

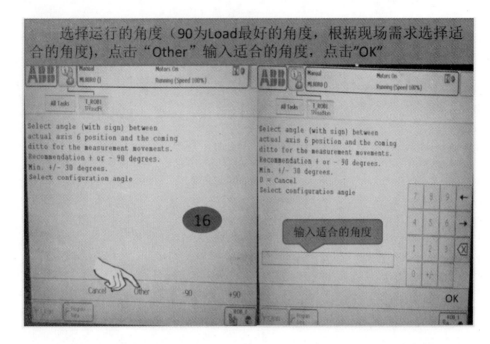

图 5.37 第十六步界面

第十七步，点击确定 YES。

第十八步，点击 MOVE 如图 5.38 所示。

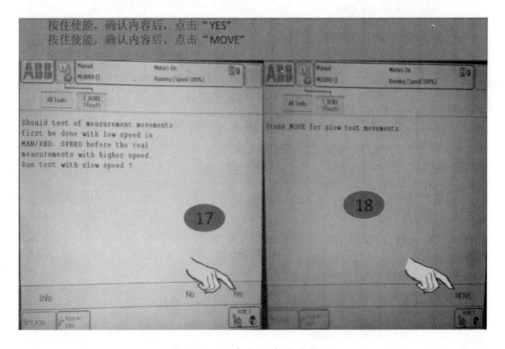

图 5.38 第十七、十八步界面

第十九步，在使能状态下运行机器人，如图 5.39 所示。

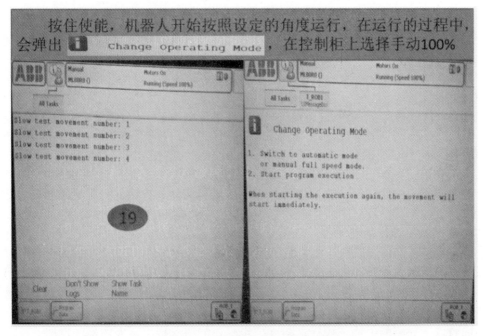

图 5.39　第十九步界面

第二十步，连续运行机器人，例行程序数据上传完毕，如图 5.40 所示。

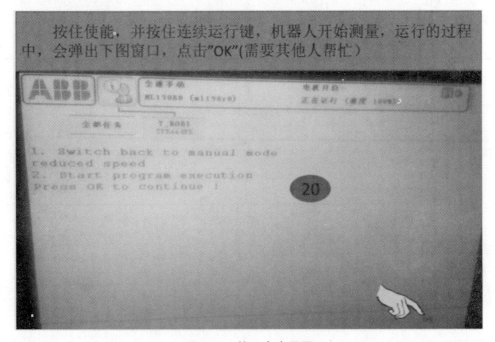

图 5.40　第二十步界面

5.2 工业机器人维护指南

工业机器人本体结构为多自由度的空间运动结构，要求运动平稳、快速、定位准确，有一定的负载能力。长期频繁工作后各运动副的润滑条件破坏，会加快磨损，使得运动副间隙加大，增加了附加动载荷，并使定位精度丧失。机构的构件受到交变应力的作用，使得构件发生疲劳裂纹，最终失效断裂。因此，在日常维护工作中，应保证运动副润滑良好，定期检查裂纹情况，该换的零件就一定要换。在维护保养中一定要按维护手册要求，定期查看维护信息系统（SIS），根据系统提示，做好保养预备工作，维护后，正确地制定新的维护信息。为了保证机器人不出现重大事故，必须重点检查刹车机构、限位开关及平衡装置，确保机械安全；检查动力和接地电缆，确保用电安全；检查 UL 信号灯，确保标示安全。

工业机器人的驱动部分有步进电机、伺服电机驱动，应做好伺服系统原始参数的备份工作，经常查看报警信息，定期对电机和控制元件进行保养。还有液气动力驱动，定期对泵、阀、管线进行保养，查看压力、流量参数信息。

工业机器人的控制系统有数字控制器和 PC 机、PLC 等。首先，应做好控制系统参数、PLC 参数、PLC 程序的备份工作，以防参数丢失。保持控制器的使用温度和湿度，防止外部电磁干扰，以满足其使用环境要求。在维修控制系统时，加强与控制器专业生产厂家沟通，最好在专业人员的指导下进行维修，以避免发生的非正常故障扩大。

按照以下介绍的方法，执行定期维护步骤，能够保持机器人的最佳性能。

5.2.1 定期检查要点

表 5.1 ~ 5.3 分别为工业机器人的每日检查表、季度检查表和年度检查表，维护人员必须定期按表中内容进行维护，并做好相应记录。

表 5.1 每日检查表

序号	检 查 项 目		判 定 标 准
1	操作人员	开机点检	泄漏检查	检查三联件、气管、接头等元件有无泄漏
2			异响检查	检查各传动机构是否有异常噪声
3			干涉检查	检查各传动机构是否运转平稳，有无异常抖动
4			风冷检查	检查控制柜后风扇是否通风顺畅
5			外围波纹管附件检查	是否完整齐全，有无磨损，有无锈蚀
6			外围电气附件检查	检查机器人外部线路连接是否正常，有无破损，按钮是否正常

表 5.2 季度检查表

序号	检 查 项 目	检 查 点
1	控制单元电缆	检查示教器电缆是否存在不恰当扭曲、破损
2	控制单元的通风单元	如果通风单元有脏污，切断电源，清理通风单元
3	机械本体中的电缆	检查机械本体插座是否损坏、弯曲，是否异常，检查电机插头是否连接可靠
4	清理检查每个部件	清理每一个部件，检查部件是否存在问题
5	上紧外部螺钉	上紧末端执行器螺钉，以及外部主要螺钉

表 5.3　年度检查表

序号	检 查 内 容	检 查 点
1	电池	更换机械单元中的电池
2	更换减速器、齿轮箱的润滑脂	按照润滑要求进行更换

5.2.2　工业机器人各元件维护

机器人由机械手和控制柜组成，必须有规律地对它们进行维护保养，以确保其正常工作。表 5.4 列出了如何对各部分进行维护及各自的维护周期。

表 5.4　维护计划表（IRB 6600/6650）

维护类型	设备	周期	注意	关键词
检查	轴 1 的齿轮，油位	12 个月	环境温度<50 ℃	检查，油位
检查	轴 2 的齿轮，油位	12 个月	环境温度<50 ℃	检查，油位
检查	轴 3 的齿轮，油位	12 个月	环境温度<50 ℃	检查，油位
检查	轴 4 的齿轮，油位	12 个月	环境温度<50 ℃	检查，油位
检查	轴 5 的齿轮，油位	12 个月	环境温度<50 ℃	检查，油位
检查	轴 6 的齿轮，油位	12 个月	环境温度<50 ℃	检查，油位
检查	平衡设备	12 个月		检查，平衡设备
检查	机械手电缆	12 个月		检查动力电缆
检查	轴 2~5 的节气闸	12 个月		检查轴 2~5 的节气闸
检查	轴 1 的机械制动	12 个月		检查轴 1 的机械制动
更换	轴 1 的齿轮油	48 个月	环境温度<50 ℃	更换，变速箱 1
更换	轴 2 的齿轮油	48 个月	环境温度<50 ℃	更换，变速箱 2
更换	轴 3 的齿轮油	48 个月	环境温度<50 ℃	更换，变速箱 3
更换	轴 4 的齿轮油	48 个月	环境温度<50 ℃	更换，变速箱 4
更换	轴 5 的齿轮油	48 个月	环境温度<50 ℃	更换，变速箱 5
更换	轴 6 的齿轮油	48 个月	环境温度<50 ℃	更换，变速箱 6
更换	轴 1 的齿轮	96 个月		方法在维修手册中有说明
更换	轴 2 的齿轮	96 个月		方法在维修手册中有说明
更换	轴 3 的齿轮	96 个月		方法在维修手册中有说明
更换	轴 4 的齿轮	96 个月		方法在维修手册中有说明
更换	轴 5 的齿轮	96 个月		方法在维修手册中有说明
更换	轴 6 的齿轮	96 个月		方法在维修手册中有说明
更换	机械手动力电缆		检测到破损或使用寿命到的时候更换	
更换	SMB 电池	36 个月		
润滑	平衡设备轴承	48 个月		

注：① 如果机器人工作的环境温度高于 50 ℃，则需要保养更频繁一点。
　　② 轴 4 和 5 的变速箱的维护周期不是由 SIS 计算出来的。

表 5.5 列出了一些普通元件的保养计划，其他一些外部设备的维护将在设备自带的文件中说明。

表 5.5　普通元件维护计划表（IRB 6600/6650）

维护类型	设备	周期	注意	关键词
检查	UL 灯			检查 UL 灯
检查	轴 1～3 的机械制动	12 个月		检查轴 1～3 的机械制动
检查	轴 1～3 的限位开关	12 个月		检查轴 1～3 的限位开关

5.2.3　工业机器人润滑

工业机器人本体维护中，最重要的一个环节就是润滑。表 5.6 是常用 ABB 工业机器人各关节所需添加的润滑油牌号。

表 5.6　ABB 机器人关节润

齿轮箱	油液型号	容　积	周　期
1 轴	Kyodo Yushi TMO 150	8 000 mL	12 个月 /12 000 h
2 轴	Kyodo Yushi TMO 150	5 000 mL	12 个月 /12 000 h
3 轴	Kyodo Yushi TMO 150	5 000 mL	12 个月 /12 000 h
4 轴	Mobilgear 600 XP 320	8 100 mL	12 个月 /12 000 h
5 轴	Mobilgear 600 XP 320	6 700 mL	12 个月 /12 000 h
6 轴	Kyodo Yushi TMO 150	450 mL	12 个月 /12 000 h

接下来将对 ABB 工业机器人的各关节润滑操作进行详细的介绍。

1. 轴 1 的润滑

轴 1（见图 5.41）的润滑操作如图 5.42 所示。注意：机器人可在任意姿态进行排油和加油操作。

（1）排油：

① 拆下机器人后面盖板；

② 拆下轴 1 排油管固定螺钉；

③ 先打开加油口，再准备好废油桶接油，然后拆下排油管的密封堵头进行排油，排油约需半小时，期间可进行其他轴排、加油。

（2）加油：

① 将排油口密封堵头堵上；

② 打开油液观察窗和加油口；

③ 在加油口进行加油，直至油液观察窗有油溢出为止；

④ 将油液观察窗和加油口的密封螺母重新上紧。

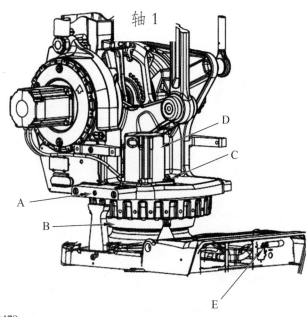

xx0500002479

A	Oil plug,inspection	油液观察窗
B	Gearbox,axis 1	轴1齿轮轴
C	Oil plug filling	加油口
D	Motor,axis 1	轴1电机
E	Drain hose(Behind cover)	排油口

图 5.41　轴 1 的结构

图 5.42　轴 1 换油操作

2. 轴 2 和轴 3 的润滑

轴 2 和轴 3 的润滑操作如图 5.43 所示。注意：机器人轴 2 和轴 3 的排油和加油方法相同，可在任意姿态进行。

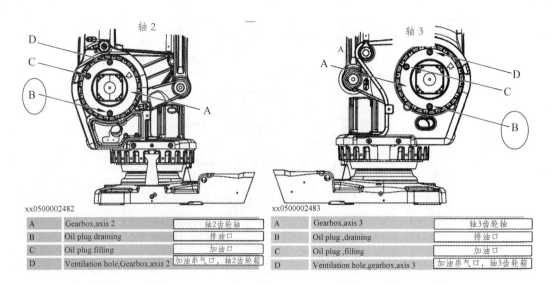

A	Gearbox,axis 2	轴2齿轮轴	
B	Oil plug draining	排油口	
C	Oil plug filling	加油口	
D	Ventilation hole,Gearbox,axis 2	加油串气口，轴2齿轮箱	

A	Gearbox,axis 3	轴3齿轮轴	
B	Oil plug ,draining	排油口	
C	Oil plug ,filling	加油口	
D	Ventilation hole,gearbox,axis 3	加油串气口，轴3齿轮箱	

图 5.43　轴 2 和轴 3 的结构

（1）排油：

① 打开加油口密封螺母，准备好废油桶接油；

② 打开排油口密封螺母进行排油，排油约需 5 min。

（2）加油：

① 上紧排油口密封螺母；

② 打开油液观察窗和加油口；

③ 在加油口进行加油，直至油液观察窗有油溢出为止；

④ 将油液观察窗和加油口的密封螺母重新上紧。

3．轴 4 的润滑

轴 4 排油和加油时，机器人的姿态如图 5.44 所示。

（1）排油：

① 打开加油口密封螺母，准备好废油桶接油；

② 打开排油口密封螺母进行排油，排油约需 5 min。

（2）加油：

① 上紧排油口密封螺母；

② 打开加油口；

③ 在加油口进行加油，直至加油口有油溢出为止；

④ 将加油口的密封螺母重新上紧。

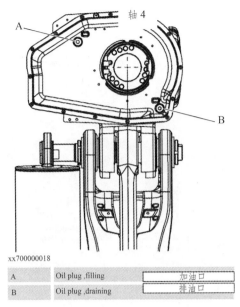

xx700000018

| A | Oil plug ,filling | 加油口 |
| B | Oil plug ,draining | 排油口 |

图 5.44　轴 4 加油、排油

4. 轴 5 的润滑

轴 5 排油和加油时，机器人的姿态如图 5.45 所示。

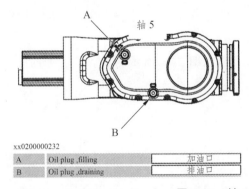

xx0200000232

| A | Oil plug ,filling | 加油口 |
| B | Oil plug ,draining | 排油口 |

图 5.45　轴 5 加油、排油

（1）排油：

① 打开加油口密封螺母，准备好废油桶接油；

② 打开排油口密封螺母进行排油，排油约需 5 min。

（2）加油：

① 上紧排油口密封螺母；

② 打开加油口；

③ 在加油口进行加油，直至加油口有油溢出为止；

④ 将加油口的密封螺母重新上紧。

5. 轴 6 的润滑

轴 6 排油和加油时，机器人的姿态如图 5.46 所示。

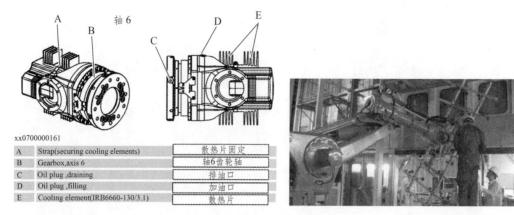

xx0700000161

A	Strap(securing cooling elements)	散热片固定
B	Gearbox,axis 6	轴6齿轮轴
C	Oil plug ,draining	排油口
D	Oil plug ,filling	加油口
E	Cooling element(IRB6660-130/3.1)	散热片

图 5.46　轴 6 加油、排油

（1）排油：

① 打开加油口密封螺母，准备好废油桶接油；

② 打开排油口密封螺母进行排油，排油约需 5 min；

③ 若排油口被夹具挡住，可旋转轴 4，使加油口向下，进行排油，排油约需 8 min。

（2）加油：

① 打开排油口、加油口密封螺母；

② 在加油口进行加油，直至排油口有油溢出为止；

③ 若排油口被夹具挡住，可将机器人调至如图 5.46 所示的姿态，在加油口进行加油，直至加油口有油溢出为止；

④ 将加油口、排油口的密封螺母重新上紧。

本章小结

本章重点讲述了工业机器人日常使用与维护的相关知识，主要以常用的 ABB 机器人为例进行了相关介绍。本章介绍了工业机器人日常使用知识，主要包括机器人示教器的介绍，使用前机器人的校准操作，工具、工件坐标系介绍和设置步骤，程序编辑与下载等；介绍了工业机器人的日常维护相关知识，主要包括使用中的工业机器人定期检查要点、工业机器人各元件维护的注意事项及工业机器人各关节的润滑与保养步骤。

思考题

1. 什么是工业机器人的校准？什么情况下需要对机器人进行校准？

2. 什么是工业机器人的工件坐标系？

3. 什么是工业机器人的工具坐标系？

第6章 工业机器人编程

目前工业机器人编程还没有统一的国际标准，各大商用的工业机器人制造商都有各自的机器人编程语言。KUKA 机器人使用的编程语言为 Kuka Robot Language（KRL），Fanuc（发那科）机器人使用的编程语言为 Karel 语言，YASKAWA 机器人使用的编程语言为 INFORM 语言，ABB 机器人使用的编程语言为 RAPID 语言。作为用户来说，接触到的语言都是机器人公司自己开发的、针对用户的语言平台，虽然编程语言都不相同，各家有各家自己的编程语言，但是，不论变化多大，其关键特性都很相似。掌握其中一家机器人公司的编程语言，另外几家的编程只是具体指令稍有差异。本章以 ABB 工业机器人为例，介绍工业机器人编程。

6.1 机器人编程基础

6.1.1 机器人编程语言的类型

机器人语言按照作业描述水平的高低，分为动作级、现象级和任务级。

1. 动作级编程语言

动作级语言是以机器人的运动作为描述中心，通常由指挥工具从一个位置到另外一个位置的一系列命令组成。动作级语言的每一条指令都对应机器人的一个动作。动作级语言的代表是 VAL 语言，其语句比较简单，易于编程。其缺点是不能进行复杂的数学运算，不能接受复杂的传感器信息，仅能接收传感器的开关信号，通信能力较弱。

动作级编程又可分为关节级程序编程和终端执行器编程。关节级编程给出机器人各关节位移的时间序列，可用汇编语言编程，也可以通过示教器示教实现。终端执行器编程给出终端执行器的位置和辅助功能的时间序列，包括力觉、视觉等技能和作业工具的选定等。

2. 对象级编程语言

对象级编程语言解决了动作级编程语言的不足，是描述操作物体之间关系，使得机器人动作的语言，是以描述操作物体之间的关系为中心的语言，有 AML、

AUTOPASS 等。

对象级编程语言用接近自然语言的方法描述对象的变化。对象级编程语言的运算功能、作业对象的位置与姿态时序、作业量、作业对象承受的力和力矩等都可以用表达式的形式出现。系统中机器人的尺寸、作业对象及工具等参数一般以知识库和数据库的形式存在，系统编译程序时获取这些信息后对机器人动作过程进行仿真，再进行实现作业对象合适的位置与姿态，获取传感器信息并处理，回避障碍，以及与其他设备通信等工作。

3. 任务级编程语言

任务级编程语言是高级的机器人语言，只需要使用者按照某种原则给出最初的环境模型和最终工作状态，机器人自动进行推理、计算，生成机器人的动作。任务级机器人编程与人工智能中程序自动生成的概念类似。

机器人语言系统即可利用已有的环境信息和知识库、数据库自动进行推理、计算，从而自动生成机器人详细的动作、顺序和数据。例如，某装配机器人计划完成某一螺钉的装配，螺钉的初始位置和装配后的目标位置已知，当发出抓取螺钉的命令时，语言系统从初始位置到目标位置之间寻找路径，在复杂的作业环境中找出一条不会与周围障碍物产生碰撞的合适路径，在初始位置处选择恰当的姿态抓取螺钉，沿此路径运动到目标位置。在此过程中，作业中间状态作业方案的设计、工序的选择、动作的前后安排等一系列问题都由计算机自动完成。

6.1.2 机器人编程语言的基本功能

机器人编程人员通过编程能够指挥机器人系统去完成的单一动作就是基本程序功能。例如，把工具移动至某一指定位置，操作末端执行装置等。机器人编程语言则是完成上述基本动作或任务的保证。机器人编程语言的基本功能包括运算、决策、通信、机械手运动、工具指令以及传感器数据处理等。

1. 运 算

安装有传感器的机器人系统，根据反馈进行几何计算或者逻辑计算，根据结果运行程序。

2. 决 策

机器人系统能够根据传感器等输入信息做出决策，而不必执行任何运算。按照未处理的传感器数据计算得到的结果，是做出下一步该干什么这类决策的基础。

3. 通 信

机器人系统与操作人员之间的通信能力，一般包括机器人要求操作者提供信息、提示操作者下一步的工作、机器人的后续动作等。有了多种方式进行人机通信，就能够更好地完成机器人动作、任务。

4. 机械手运动

直接向各关节伺服装置提供一组关节位置，然后通过检测装置检测伺服装置是否到达指定位置。此外，还可以根据机器人运动指令的位置，实时插补，使得工具末端沿着路径完成运动。

5. 工具指令

一个工具指令通常由闭合某个开关或继电器而触发的，继电器去接通或断开电源，以直接控制工具运动，或送出一个信号给电子控制器，使其控制工具。

6. 传感器数据处理

用于机器人的常用传感器主要有：
（1）触觉传感器，用于感受工具与工件的实际接触；
（2）接近传感器或距离传感器，用于感受工具至工件/障碍物的距离；
（3）视觉传感器，用于"看见"工作空间内的物体，确定物体的位置或识别其形状等。

传感器数据是机器人程序编制中重要而又复杂的组成部分。

6.1.3　机器人离线编程

随着机器人应用范围的扩大和完成任务的复杂程度的提高，示教编程很难满足生产效率的要求，机器人离线编程逐渐成为编程的主要方式。机器人离线编程系统是机器人编程语言的拓展，利用计算机图形学的成果，建立起机器人及其工作环境的模型，再利用一些规划算法，通过对图形的控制和操作，在离线的情况下进行轨迹规划。

机器人离线编程系统主要由用户接口、机器人系统构型、运动学计算、轨迹规划、动力学仿真、并行操作、传感器仿真、通信接口等部分组成。

1. 用户接口

工业机器人一般提供两个用户接口：一个用于示教编程，另一个用于语言编程。示教编程可用于示教器直接编制机器人程序，语言编程则是用机器人语言编制程序，经过机器人系统的运行完成相应的任务。

2. 机器人系统构型

机器人离线编程系统的核心是其机器人及其工作单元的图形描述。构造机器人系统的机器人、夹具、工件和工具等的三维几何模型，可由适当的接口实现构型与外部

CAD 软件的转换。

3. 运动学计算

运动学计算分为运动学正解和运动学反解两部分。正解是给出机器人运动参数和关节变量，计算出机器人末端位置与姿态；反解则是由给定的末端位置与姿态计算相应的关节变量值。在机器人离线编程系统中，应具有自动生成运动学正解和反解的功能。

4. 轨迹规划

离线编程系统应对机器人在工作空间中的运动轨迹进行仿真。机器人的运动轨迹分为两种，自由移动和依赖于轨迹的约束运动。前者仅仅由初始状态和目标点状态定义，无额外约束条件，而后者受到路径约束，受到运动学和动力学条件约束。轨迹规划接受路径设定和约束条件的约束，并在输出起点和终点之间有按时间排列的中间点的位置与姿态、速度、加速度等序列，如关节空间的插补、笛卡尔空间的插补计算等。

5. 动力学仿真

当机器人在高速或者重负载的情况下，就必须考虑机器人的动力学特性，否则会产生较大的误差。

6. 并行操作

两个或者多个机器人在同一工作环境中协调作业，或者单个机器人工作时需要与传送带、视觉系统等配合完成任务，因此，离线编程系统需要能够对多个装置工作进行仿真。并行操作是在同一时刻对多个装置工作进行仿真的技术，进行并行操作可以提供对不同装置工作过程进行仿真的环境。

7. 传感器仿真

在机器人离线编程系统中，对传感器进行构型以及对装有传感器的机器人的误差校正进行仿真是很重要的。传感器主要分为局部传感器和全局传感器，前者有力觉、触觉和接近觉等传感器，全局传感器有视觉等传感器。

8. 通信接口

在离线编程系统中，通信接口起着连接软件系统和机器人控制柜的桥梁作用。通过通信接口，可以把机器人仿真系统所生成的机器人运动程序转换成机器人控制柜可以接收的代码。不同的机器人生产厂家选用的机器人编程语言有所不同，故离线编程系统差异较大，目前尚未形成统一的标准通信接口。为了解决此问题，可以选择一种较为通用的机器人语言，通过利用某种翻译系统对语言进行后置处理，使其转换成控制柜可以接收的语言。

6.2　工业机器人程序数据

程序内声明的数据被称为程序数据。数据是信息的载体，它能够被计算机识别、储存和加工处理。它是计算机程序加工的原料，应用程序处理各种各样的数据。计算机科学中，所谓数据就是计算机加工处理的对象，它可以是数值数据，也可以是非数值数据。数值数据是一些整数、实数或复数，主要用于工程计算、科学计算和商务处理等；非数值数据包括字符、文字、图形、图像、语音等。

ABB RAPID 语言中有 100 种程序数据，可在示教器的"数据类型"窗口查看和创建所需要的数据类型，如图 6.1 所示。

图 6.1　ABB 程序数据类型概览

6.2.1　常见数据类型

常见的程序数据类型主要有 bool、clock、loaddata 等，见表 6.1。

表 6.1　常见程序数据类型

序号	数据类型	说　明
1	bool	布尔型数据，逻辑值
2	clock	时间数据
3	loaddata	机器人负载数据
4	num	数值型数据
5	robtarget	机器人运动目标位置数据
6	speeddata	机器人运动速度数据
7	string	字符型数据
8	tooldata	机器人工具数据 TCP
9	wobjdata	工件坐标系数据
10	zonedata	机器人运动转弯数据

1. bool（布尔）型数据

bool 型数据主要用于存储逻辑值（真/假），即为 TRUE/FALSE。

实例 1：

flag1 := TRUE；

上述实例中，flag1 定义为 TRUE。

实例 2：

VAR bool highvalue；

VAR num reg1；

...

highvalue := reg1 > 100；

如果 reg1 大于 100，则 highvalue 为 TRUE，否则 highvalue 为 FALSE。

建立一个 bool 型数据的步骤如下：

（1）在示教器中，选择"程序数据"，如图 6.2 所示。

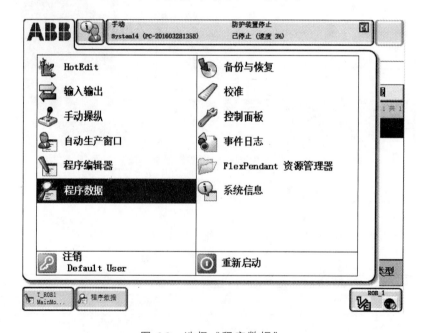

图 6.2　选择"程序数据"

（2）如果在已用的数据类型中无 bool 型数据，如图 6.3 所示，选择"视图"→"全部数据类型"（见图 6.4）之后，选择"bool"型数据类型，如图 6.5 所示。

（3）选择"新建"，并根据需要设置"名称""范围""存储类型""模块"等参数，完成"bool"型数据类型的建立，如图 6.6 ~ 6.8 所示。

图 6.3 已用数据类型

图 6.4 选择全部数据类型

图 6.5 选择数据类型"bool"

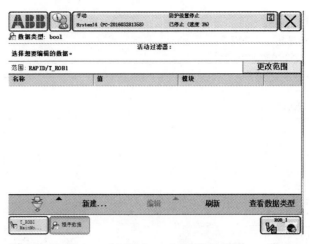

图 6.6　新建"bool"型数据类型

图 6.7　更改相应的名称

图 6.8　完成"bool"数据的建立

其中，数据设定参数及说明见表 6.2。

表 6.2　数据设定参数及说明

数据设定参数	说　明
名称	设定数据的名称
范围	设定数据可使用的范围
存储类型	设定数据的可存储类型
任务	设定数据所在的任务
模块	设定数据所在的模块
例行程序	设定数据所在的例行程序
维数	设定数据的维数
初始值	设定数据的初始值

2. clock（时间）数据

clock 数据用于计时，最大值为 4 294 967 秒，最小分辨率为 0.001 秒。

实例 1：

VAR clock myclock；

定义时间数据变量 myclock。

3. loaddata（有效负载）数据

对于搬运应用的机器人，应该正确设定夹具的质量、重心（tooldata）以及搬运对象的质量和重心数据（loaddata）。

Loaddata 由六部分组成，分别是负载质量、重心位置、惯性矩主轴的方向、负载绕 X 轴的转动惯量、负载绕 Y 轴的转动惯量、负载绕 Z 轴的转动惯量，见表 6.3。

表 6.3　loaddata 数组组成及描述

组件	描　述
mass	数据类型：num 负载的质量，单位：kg
cog	center of gravity 数据类型：pos 如果机械臂夹持着工具，则有效负载的重心是相对于工具坐标系，单位：mm
aom	axes of moment 数据类型：orient 矩轴的方向姿态，是指处于 cog 位置的有效负载惯性矩的主轴。如果机械臂夹持着工具，则方向姿态是相对于工具坐标系

组件	描　述
ix	inertia x 数据类型：num 负载绕着 X 轴的转动惯量，单位：$kg \cdot m^2$
iy	inertia y 数据类型：num 负载绕着 Y 轴的转动惯量，单位：$kg \cdot m^2$
iz	inertia z 数据类型：num 负载绕着 Z 轴的转动惯量，单位：$kg \cdot m^2$

实例 1：

PERS loaddata piece1 := [10,[100,0,100],[1,0,0,0],0,0,0];

piece1 的负载质量为 10 kg，其重心在工具坐标系下的位置为 X=100 mm，Y=0 和 Z=100 mm，有效负载为一个点质量，绕着工具坐标系 X、Y、Z 轴的转动惯量均为 0。

4．num（数值）型数据

num 型数据主要用于数值型数据，可为整数，可为小数，其范围为：－8 388 607 ~ 8 388 607。

实例 1：

VAR num reg1;

...

reg1 := 3;

上述实例中，reg1 为整数，其数值为 3。

实例 2：

CONST num pi := 3.1415926;

上述实例中，reg1 为小数，其数值为 3.141 592 6。

建立 num 型数据的步骤如下：

（1）在示教器中，选择"程序数据"，如图 6.2 所示。

（2）如果在已用的数据类型中有"num"型数据，选择"num"型数据类型，如图 6.9 所示。

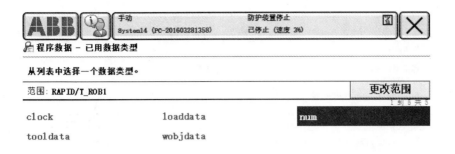

图 6.9　选择"num"程序数据

（3）选择"新建"，并根据需要设置"名称""范围""存储类型""模块"等参数，给定初始值，完成"num"型数据类型的建立，如图 6.10～6.14 所示。

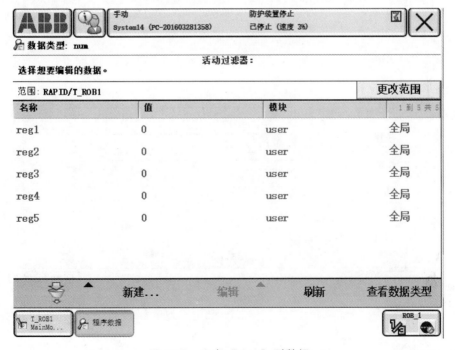

图 6.10　已有"num"型数据

图 6.11　新建"num"型数据类型

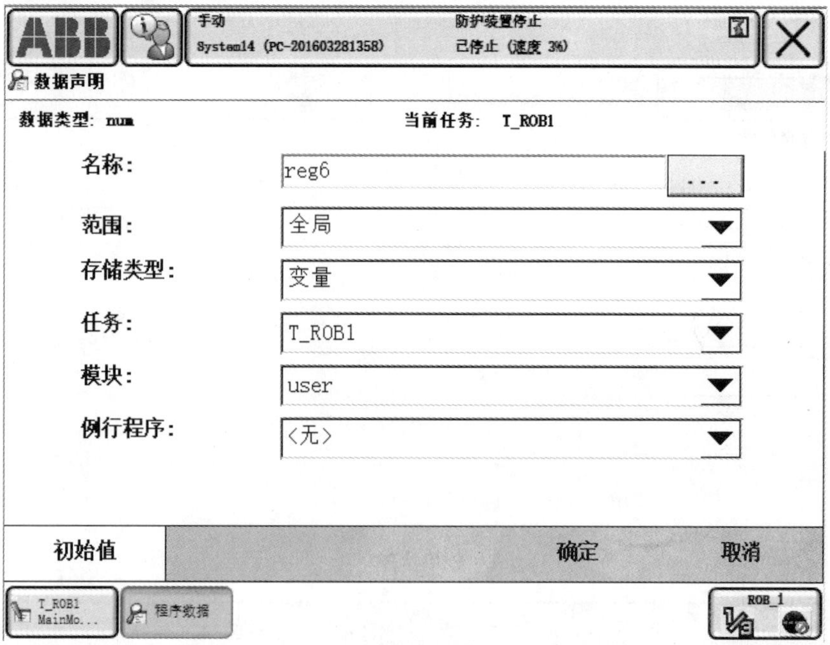

图 6.12　选择"初始值"

图 6.13　输入"初始值"

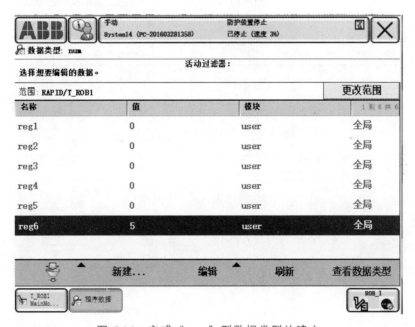

图 6.14　完成"num"型数据类型的建立

5. string（字符串）型数据

string 型数据用于字符串型数据，可由 80 个字符内的数字、字母、特殊符号组成。

实例 1：

VAR string text；

...

text := "start welding pipe 1";

字符串型数据 text 的初始值为 start welding pipe 1。

建立一个 string 型数据的步骤如下：

（1）在示教器中，选择"程序数据"，如图 6.2 所示。

（2）如果在已用的数据类型中无"string"型数据，如图 6.3 所示，选择"视图""全部数据类型"（见图 6.4）之后，选择"string"型数据类型，定义初始值为"total time is 10"，如图 6.15 ~ 6.19 所示。

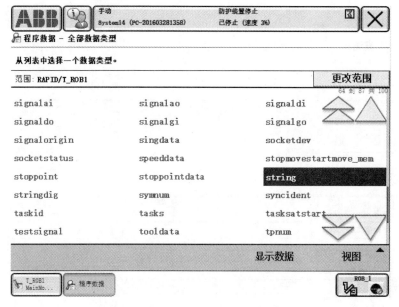

图 6.15　选择"string"型数据类型

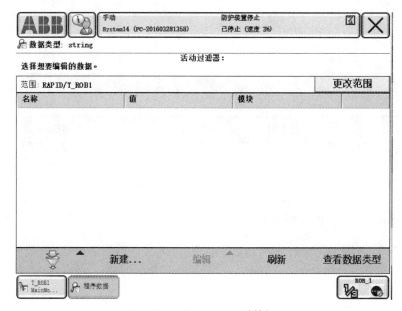

图 6.16　尚无 string 型数据

图 6.17　定义 string 型数据

图 6.18　设定初始值

图 6.19 完成"string"型数据类型的建立

其余常用数据类型的步骤与上述几种数据类型的步骤类似。

6.2.2 程序数据的存储类型

1. 变量 VAR

变量型数据在程序执行的过程中和停止时，会保持当前值，在程序指针移至主程序后，其数值会丢失。

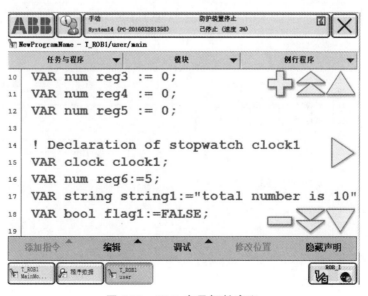

图 6.20 VAR 变量初始定义

现有 num、string、bool 三种数据类型，均为 VAR 变量存储类型，如图 6.20 所示。

VAR num reg6：=5；

VAR string string1：="total number is 10"；

VAR bool flag1：=FALSE；

在机器人的 RAPID 程序中也可以对变量存储类型程序数据进行赋值的操作，如图 6.21 所示。

图 6.21　程序赋值操作

2. 可变量 PERS

可变量最大的特点是，无论程序的指针如何，都会保持最后赋予的值。

现有 num、string、bool 三种数据类型，均为 PERS 可变量存储类型，如图 6.22 所示。

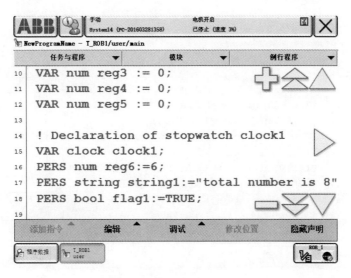

图 6.22　PERS 常变量初始定义

PERS num reg6：=6;

PERS string string1：="total number is 8";

PERS bool flag1：=TRUE;

在机器人的 RAPID 程序中也可以对 PERS 可变量存储类型程序数据进行赋值的操作，赋值的结果会一直保持，直到对其进行重新赋值，如图 6.23 所示。

图 6.23　PERS 常变量赋值操作

3. 常量 CONST

常量在定义时已经赋值，且不能在程序中更改，除非进行手动更改，如图 6.24 所示。

CONST num steel_density：=7850;

CONST string string2：="Welcome!";

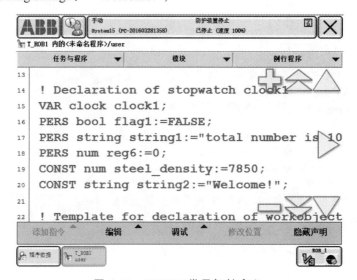

图 6.24　CONST 常量初始定义

6.3　工业机器人常用指令

6.3.1　常用运动指令

机器人在空间中进行运动主要有 4 种方式：绝对位置运动（MoveAbsJ）、关节运动（MoveJ）、线性运动（MoveL）和圆弧运动（MoveC）。

1. MoveAbsJ 绝对位置运动

绝对位置运动指令是机器人的运动使用 6 个轴和外轴的角度值来定义目标位置数据，常用于机器人 6 个轴快速回到机械零点（0°）位置。

实例 1：

MoveAbsJ p10，v1000，z50，tool2；

机器人的 TCP 从当前位置向 p10 点以非线性运动方式前进，速度是 1 000 mm/s，转弯区域数据是 50 mm，距离 p10 点还有 50 mm 的时候开始转弯，使用的工具数据是 tool2，工件坐标数据是默认坐标系。

转弯区域数据：在距离终点一段距离时开始执行下一段指令，即为"转弯"。转弯区域数值越大，机器人的动作路径就越圆滑与流畅。如果转弯区域数值为 fine，则机器人 TCP 精确达到目标点，在目标点速度降为零，机器人动作有所停顿然后再向下一点运动。如果是一段路径的最后一个点一定要为 fine。

2. MoveJ 关节运动

关节运动指令是在对路径精度要求不高的情况，机器人的工具中心点 TCP 从一个位置移动到另一个位置，两个位置之间的路径不一定是直线。它适合机器人大范围运动时使用，关节轴不容易在运动过程中出现奇异点的问题。

实例 1：

MoveJ p1，vmax，z30，tool2；

机器人的 TCP 从当前位置向 p1 点以非线性运动方式前进，速度是 vmax，运动时间为 5 s，转弯区数据是 30 mm，距离 p1 点还有 30 mm 的时候开始转弯，使用的工具数据是 tool2，工件坐标数据是默认坐标系。

实例 2：

MoveJ p2,vmax \T:=5,fine,grip3；

机器人的 TCP 从当前位置向 p2 点以非线性运动方式前进，速度是 vmax，运动时间为 5 s，转弯区数据是 0 mm，使用的工具数据是 grip3，工件坐标数据是默认坐标系。

其中，p2 是运动终点，线性速度为 vmax，转弯区域半径为 0 mm（精确到达 p2），使用 tool2，运动路径不一定为直线。

3．MoveL 直线运动

线性运动是机器人的 TCP 从起点到终点之间的路径始终保持为直线，一般如焊接、涂胶等应用对路径要求高的场合使用此指令。

实例 1：

MoveL p1,v1000,z10,tool1\Wobj:=wobj1;

机器人的 TCP 从当前位置向 p1 点以线性运动方式前进，速度是 1 000 mm/s，转弯区数据是 10 mm，距离 p1 点还有 10 mm 的时候开始转弯，使用的工具数据是 tool1，工件坐标数据是 wobj1。具体指令参数及含义见表 6.4。

表 6.4　MoveL 指令参数及含义

参　数	含　义
p1	目标点位置数据，定义当前机器人 TCP 在工件坐标系中的位置，通过单击"修改位置"进行修改
v1000	运动速度数据，1 000 mm/s；定义速度，单位：mm/s
z10	转角区域数据，定义转弯区的大小，单位：mm
tool1	工具数据，定义当前指令使用的工具坐标
wobj1	工件坐标数据，定义当前指令使用的工件坐标

4．MoveC 圆弧运动

圆弧路径是在机器人可到达的空间范围内定义三个位置点：第一个点是圆弧的起点，第二个点用于圆弧的曲率，第三个点是圆弧的终点。

实例 1：

MoveL p10,v1000,fine,tool1\Wobj:=wobj1;

MoveC p20,p30,v500,fine,tool1\Wobj:=wobj1;

机器人的 TCP 从当前位置向 p10 点以线性运动方式前进，速度是 1 000 mm/s，精确到达 p10 点，使用的工具数据是 tool1，工件坐标数据是 wobj1；然后，经过 p20 点，沿着圆弧运动准确到达 p30 点，使用的工具数据是 tool1，工件坐标数据是 wobj1。具体指令参数及含义见表 6.5。

表 6.5　MoveL 指令参数及含义

参　数	含　义
p10	圆弧的第一个点
p20	圆弧的第二个点
p30	圆弧的第三个点
tool1	工具坐标数据
wobj1	工件坐标数据，定义当前指令使用的工件坐标

6.3.2 I/O 控制指令

1. Set 数字信号置位指令

Set 数字信号置位指令用于将数字输出置位为"1"。

实例 1：

Set do15；

数字输出信号 do15 被置位为 1。

2. ReSet 数字信号复位指令

Reset 数字信号复位指令用于将数字输出置位为"0"。

实例 1：

Reset do15；

数字输出信号 do15 被置位为 0。

3. WaitDI 数字输入信号判断指令

WaitDI 数字输入信号判断指令用于判断数字输入信号的值是否与目标的一致。

实例 1：

WaitDI di4, 1；

数字输入信号 di4 为 1 时，继续执行，否则，等待〔如果到达最大等待时间（此时间可根据实际进行设定）以后，di4 的值还不为 1 的话，则系统报警或进入出错处理程序〕。

4. WaitDO 数字输出信号判断指令

WaitDO 数字输出信号判断指令用于判断数字输出信号的值是否与目标的一致。

实例 1：

WaitDO do4, 1；

当数字输出信号 do4 被置位为 1 后，程序继续向下执行，否则，等待〔如果到达最大等待时间（此时间可根据实际进行设定）以后，do4 的值还不为 1 的话，则系统报警或进入出错处理程序〕。

5. WaitAI 模拟输入信号判断指令

WaitAI 模拟输入信号判断指令用于判断模拟输入信号的值是否与目标的一致。

实例 1：

WaitAI ai1, \GT, 5；

当模拟量输入 ai1 的数值大于 5 时，继续执行，否则，等待。

实例 2：

WaitAI ai1, \LT, 5；

当模拟量输入 ai1 的数值小于 5 时，继续执行，否则，等待。

6. WaitAO 模拟输出信号判断指令

WaitAO 模拟输出信号判断指令用于判断模拟输出信号的值是否与目标的一致。

实例 1：

WaitAO ao1, \GT, 5;

当模拟量输出 ao1 的数值大于 5 时，继续执行，否则，等待。

实例 2：

WaitAO ao1, \LT, 5;

当模拟量输出 ao1 的数值小于 5 时，继续执行，否则，等待。

6.3.3 条件逻辑判断指令

1. IF 条件判断指令

IF 条件判断指令，就是根据不同的条件去执行不同的指令。条件判定的条件数量可以根据实际情况进行增加与减少。

实例 1：

IF reg1 > 5 THEN

    Set do1；

ENDIF

如果 reg1 的数值大于 5，则将数字输出信号 do1 置位为 1。

实例 2：

IF reg1 > 5 THEN

    Set do2；

ELSE

    Reset do2；

ENDIF

如果 reg1 的数值大于 5，则将数字输出信号 do2 置位为 1；如果 reg2 的数值小于等于 5，则将数字输出信号 do2 置位为 0。

2. FOR 循环判断指令

FOR 循环判断指令，一般用于一个或多个指令需要重复执行数次的情况。

实例 1：

FOR i FROM 1 TO 5 DO

    routine1；

ENDFOR

当 i 从 1 开始，每次增加 1，直到等于 5，均执行 routine1，即执行 routine1 程序 5 次。

3．WHILE 条件判断指令

WHILE 条件判断指令用于在给定的条件满足的情况下一直重复执行对应的指令。

实例 1：

WHILE reg1 < reg2 DO

　　...

　　reg1 := reg1 + 1;

ENDWHILE

当满足 reg1 < reg2 的条件下，reg 执行加 1 操作。

4．TEST 条件分支指令

TEST 条件分支指令一般用于对多种情况进行判断，并执行不同指令。

实例 1：

TEST reg1

　　CASE 1，2，3 ：

　　　　routine1；

　　CASE 4 ：

　　　　routine2；

　　DEFAULT ：

　　　　TPWrite "Illegal choice"；

　　　　Stop；

ENDTEST

判断 reg1 的数值，如果 reg1 数值为 1 或者 2 或者 3，均调用 routine1 程序；如果 reg1 数值为 4，调用 routine2 程序；如果 reg1 数值不为上述值，则在示教器界面上输出 "Illegal choice" 并停止程序。

6.3.4　其他常用指令

1．赋值指令

":=" 赋值指令是用于对程序数据进行赋值，赋值可以是一个常量或数学表达式。

实例 1：

常量赋值：reg1 := 10；

实例 2：

数学表达式赋值：reg1 := reg2 - reg3；

实例 3：

累加：reg1:= reg1+1；

2. 调用例行程序指令

ProCall 调用例行程序指令，用于在指定的位置调用程序。

errormessage；

Set do1；

...

PROC errormessage()

    TPWrite "ERROR"；

ENDPROC

调用 errormessage，在示教器上显示 "ERROR"。

3. 返回例行程序指令

RETURN 返回例行程序指令用于结束本例行程序的执行、返回指针至调用此例行程序的位置。

实例 1：

errormessage；

Set do1；

...

PROC errormessage()

    IF di1=1 THEN

        RETURN；

    ENDIF

    TPWrite "Error"；

ENDPROC

调用 errormessage，判断 di1 是否为 1，di1 为 1，则返回，并将数字输出信号 do1 置位为 1。

4. 时间等待指令

WaiTime 时间等待指令用于程序在等待一段指定的时间后继续向下执行程序。

实例 1：

WaitTime 0.5；

程序等待 0.5 s。

5. 计时重置指令

ClkReset 计时重置指令用于将时间数据清零，便于后续准确计时。

实例 1：

ClkReset clock1；

对 clock1 清零。

6. 计时开始指令

ClkStart 计时开始指令用于对时间数据开始计时。

实例 1：

ClkStart clock1；

用 clock1 开始计时。

7. 计时结束指令

ClkStop 计时停止指令用于对时间数据停止计时。

实例 1：

ClkStop clock1；

对 clock1 停止计时。

6.4　工业机器人编程实例

6.4.1　示教编程实例

示教编程完成轨迹运动，如图 6.25（a）所示。根据轨迹运动方向，对关键特征点进行示教，设定示教点为 P10，P20，…，P60，考虑到起始点和终止点的工艺需求（如不影响更换工件等），增加两个示教点 pHome 点和 pEnd 点，如图 6.25（b）所示。

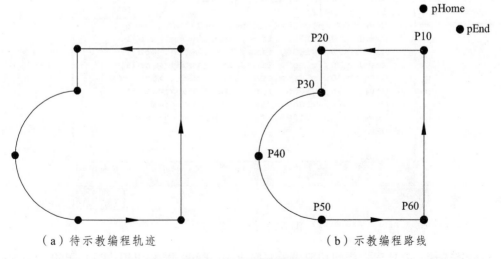

（a）待示教编程轨迹　　　　　　　（b）示教编程路线

图 6.25　示教编程轨迹

编程准备：完成工件坐标系 wobj1 和工具坐标系 tool1 的设定。

程序如下：

MoveJ pHome, v3000, fine, tool1\WObj:=wobj1;
　　　　！快速运动至 pHome 点

MoveL p10, v1000, fine, tool1\WObj:=wobj1;
　　　　！直线运动至 p10 点

MoveL p20, v1000, fine, tool1\WObj:=wobj1;
　　　　！直线运动至 p10 点

MoveL p30, v1000, fine, tool1\WObj:=wobj1;
　　　　！直线运动至 p30 点

MoveC p40, p50, v1000, fine, tool1\WObj:=wobj1;
　　　　！圆弧运动，终点 p50

MoveL p60, v1000, fine, tool1\WObj:=wobj1;
　　　　！直线运动至 p60 点

MoveL p10, v1000, fine, tool1\WObj:=wobj1;
　　　　！直线运动至 p10 点

MoveJ pEnd, v3000, fine, tool1\WObj:=wobj1;
　　　　！快速运动至 pEnd 点

上述程序在示教器中的界面如图 6.26 所示。

图 6.26　示教程序

示教操作：分别在程序的相应位置，对 P10、P20、P30、P40、P50、P60、pHome 点和 pEnd 点进行示教操作。

6.4.2　离线编程实例

离线编程是指不占用机器人的情况下，利用机器人运动仿真软件重构工作场景的三维虚拟环境，包括机器人本体、控制系统、工具、工件和必要的辅助设施，配合软件操作，生成机器人运动轨迹，并在软件中进行仿真与调试，最终生成机器人程序。

1. RobotStudio 软件

ABB 公司开发的 RobotStudio 软件是一款市场领先的离线编程软件，面向 ABB 机器人使用者，使得用户在产品制造的同时对机器人系统进行编程，可提早开始产品生产，缩短上市时间。

（1）软件主要功能介绍。

①　CAD 模型导入。RobotStudio 支持以各种主要的 CAD 格式导入数据，包括 IGES、STEP、STL、VDAFS、ACIS、CATIA 和 Pro/E 等。通过使用此类非常精确的 3D 模型数据，机器人程序设计员可以生成更为精确的机器人程序，从而提高产品质量。

②　自动生成路径。通过使用待加工部件的 CAD 模型，可在短短几分钟内自动生成跟踪曲线所需的机器人位置。

③　模拟仿真。在 RobotStudio 中进行工业机器人工作站的动作模拟仿真以及周期节拍验证。

④　在线编程。使用 RobotStudio 与真实的机器人进行连接通信，可对机器人进行便捷的监控、程序修改、参数设定、文件传送等操作。

（2）下载与安装。

①　登录 RobotStudion 官网，如图 6.27 所示。

图 6.27　RobotStudio 官网

② 选择合适的版本，如图 6.28 所示。

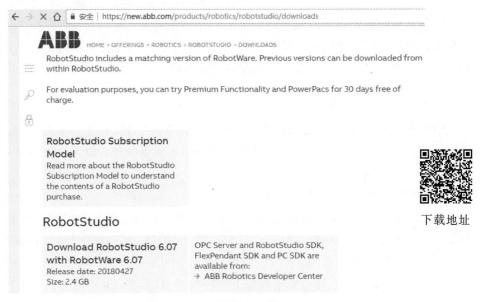

图 6.28　选择版本下载

注意：RobotStudio 官网只提供最新版本的下载（目前为 6.07 版本），如果下载之前的版本，可到"机器人伙伴网"下载。

③ 安装软件。根据提示，试用期为 30 天，期间可以试用全部功能。之后，只能使用基本功能，如需要使用全部功能，请联系 ABB 公司激活授权。

（3）软件界面介绍。

RobotStudio 5.61 版本的界面如下：

"基本"选项卡：主要包括机器人本体、工具库、机器人系统、工具坐标系和工件坐标系的选择、运动模式等功能，如图 6.29 所示。

图 6.29　"基本"选项卡

"建模"选项卡：主要包括导入几何体、建模、smart 组件、曲线和曲面、测量操作、创建工具等功能，如图 6.30 所示。

图 6.30　"建模"选项卡

"仿真"选项卡：主要包括碰撞监控、仿真设定、仿真操作、录制动画等功能，如图 6.31 所示。

图 6.31　"仿真"选项卡

"控制器"选项卡：主要包括添加虚拟控制器、虚拟控制器的操作、示教器的操作、传送等，如图 6.32 所示。

图 6.32　"控制器"选项卡

"RAPID"选项卡：主要包括 RAPID 程序的调试功能，如图 6.33 所示。

图 6.33　"RAPID"选项卡

"Add-Ins"功能选项卡：主要包括可安装插件增加额外功能，如图 6.34 所示。

图 6.34　"Add-Ins"功能选项卡

（4）离线编程步骤。

① 根据任务要求，选择合适的 ABB 机器人本体，主要考虑自由度数、精度、有效负载、运动范围等；

② 建立合适的机器人控制系统，注意选择必要的总线；

③ 建立/选择合适的机器人工具/末端执行器（也支持导入 STEP 等常见格式的方式），建立工具坐标系；

④ 建立/选择合适的工件（也支持导入 STEP 等常见格式的方式），根据需要建立工件坐标系；

⑤ 根据需要建立 I/O 信号配置；

⑥ 根据任务要求，采用 RAPID 语言或者 RobotStudio 软件操作完成编程；

⑦ 调试、修改程序，直至程序完全正确，通过在线传输等方式输出。

2. 编程实例

（1）根据工具质量和作用范围选择 IRB4600-20/2.05 型机器人，其负载为 20 kg，作用半径为 2.05 m，如图 6.35 和图 6.36 所示。

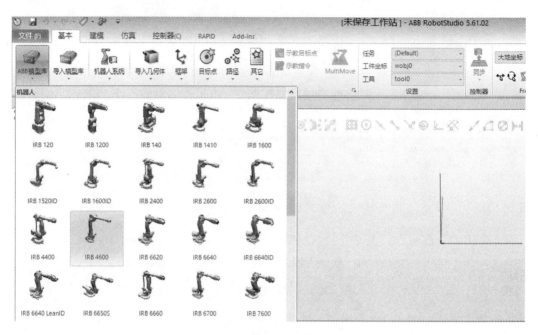

图 6.35 选择机器人本体

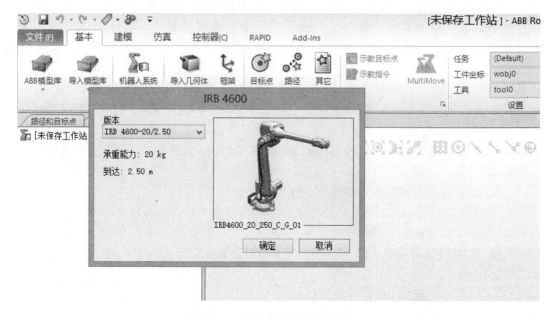

图 6.36 选择负载和运动范围

（2）建立机器人控制系统。

选择"机器人系统"，依次选择"从布局…"，设定存储路径，选择机械装置，配置语言、总线等系统参数，如图 6.37～6.44 所示。待提示行变绿后，控制系统完成建立，如图 6.45 所示。

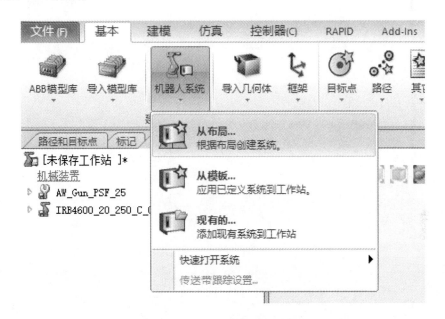

图 6.37 从布局建立控制系统

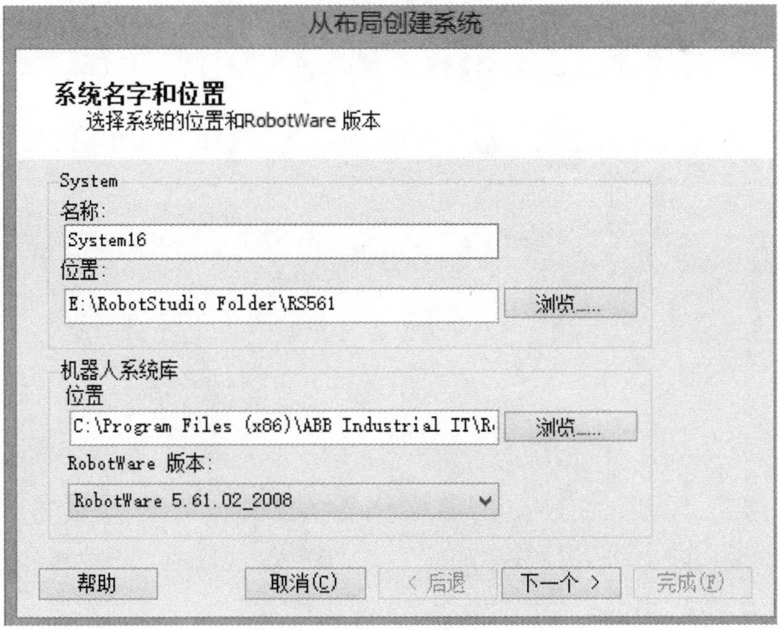

图 6.38 设定系统存储路径

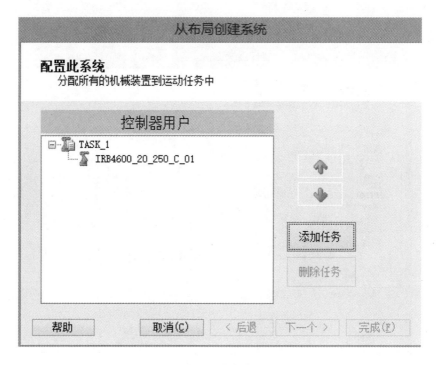

图 6.39　选择机械装置

图 6.40　选择任务

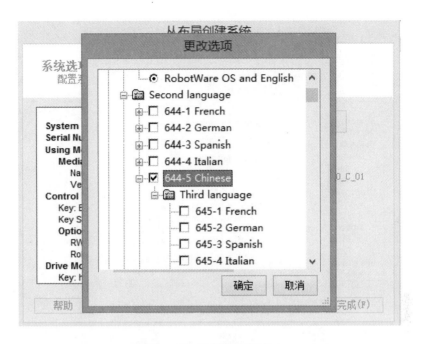

图 6.41　选择第二语言

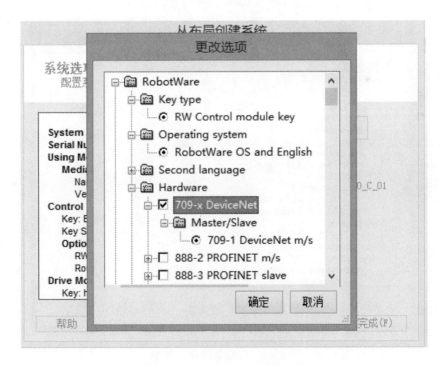

图 6.42　选择 DeviceNet 总线

图 6.43 选择 ProfiBus 总线

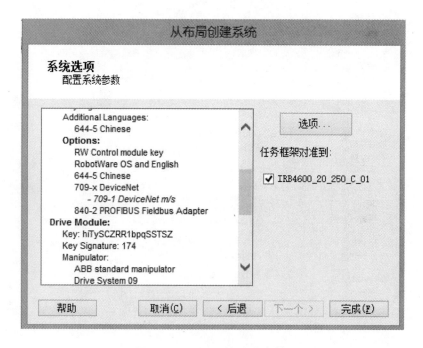

图 6.44 已配置的系统参数

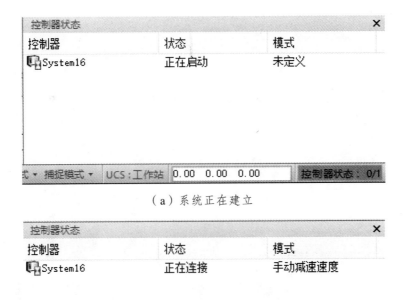

（a）系统正在建立

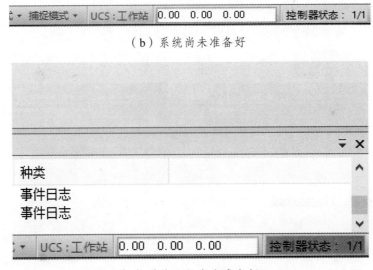

（b）系统尚未准备好

（c）系统已经完全准备好

图 6.45 控制系统状态

（3）根据作业需求，选择一款合适的工具/末端执行器。此处简化，选择 AW GUN PSF25 作为工具，并安装到机器人本体上，如图 6.46 ~ 6.48 所示。由于系统库文件中的工具均已经将工具坐标系设置好，故无需单独再设置工具坐标系，如图 6.49 所示。若需要，则按照四点法或者六点法确定工具坐标系即可。

（4）建立/选择合适的工件，导入机器人工作站中，如图 6.50 所示。

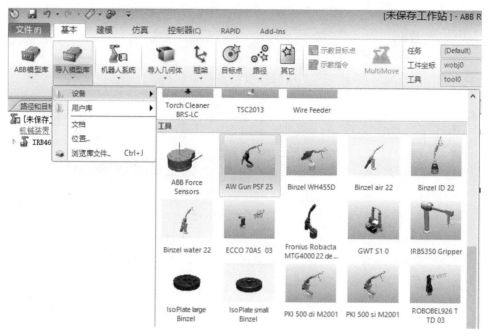

图 6.46 选择合适的工具

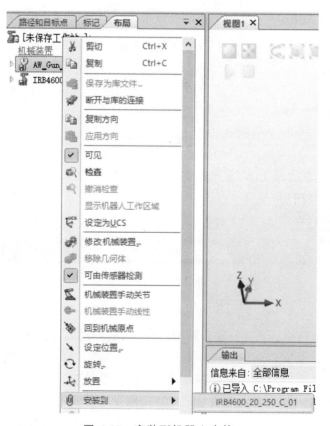

图 6.47 安装到机器人本体

图 6.48 安装到机器人本体

图 6.49 工具自带工具坐标系

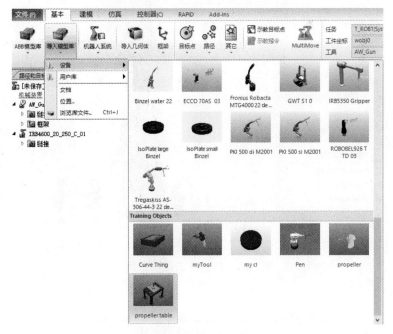

图 6.50 选择系统库文件中的工件

为了使得机器人在运动过程中少出现奇异点或者超程报警，将工件放置在机器人运动范围的合理位置，如图 6.51 和图 6.52 所示。

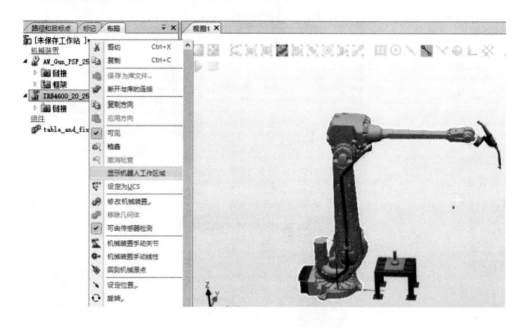

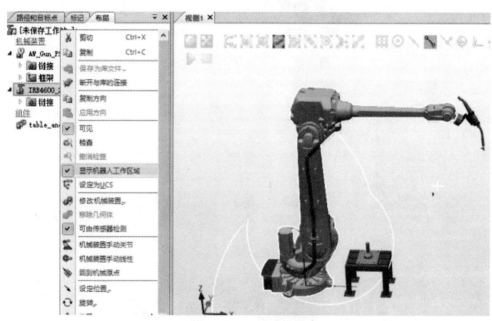

图 6.51　机器人的运动范围

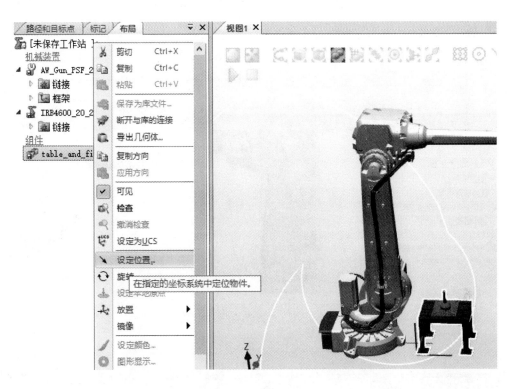

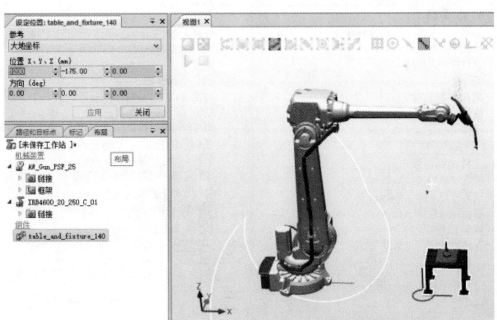

图 6.52　将工件置于机器人运动空间的合理位置

通过"三点法"建立工件坐标系，如图 6.53 ~ 6.58 所示。

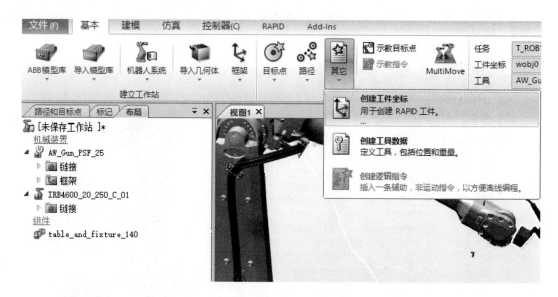

图 6.53　放置于合适的位置

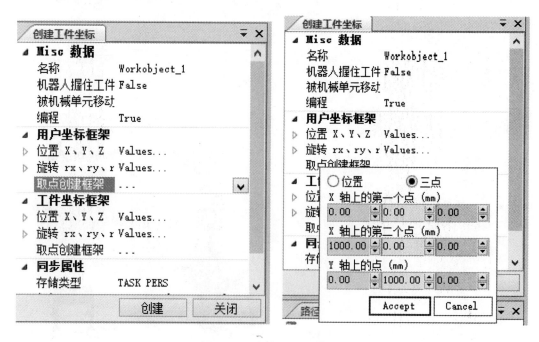

图 6.54　选择"三点法"

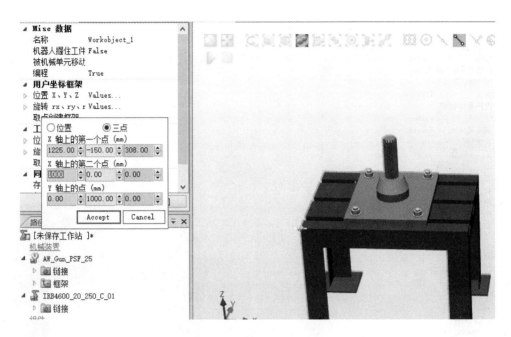

图 6.55　选择 X 轴上第一点

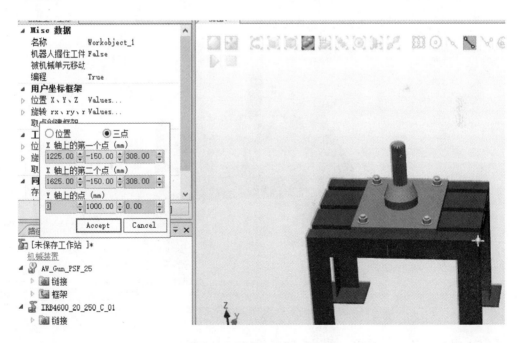

图 6.56　选择 X 轴上第二点

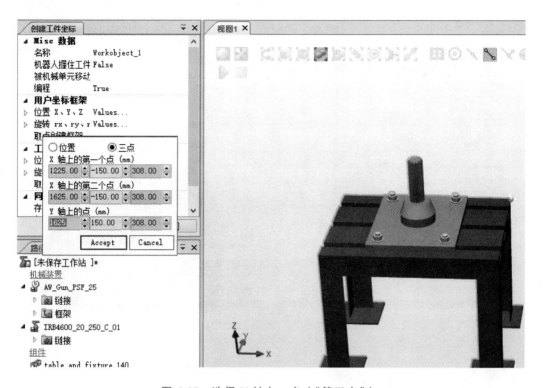

图 6.57　选择 Y 轴上一点（"第三点"）

图 6.58　完成工件坐标系的建立

（5）根据任务示教编程，采用自动编程的方式进行编程。

首先，根据表面提取边界曲线，如图 6.59 ~ 6.61 所示。

图 6.59　选择"表面边界"

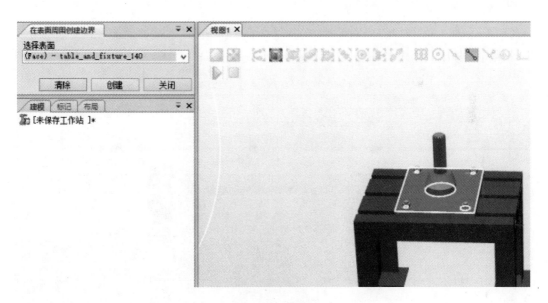

图 6.60　选择上表面

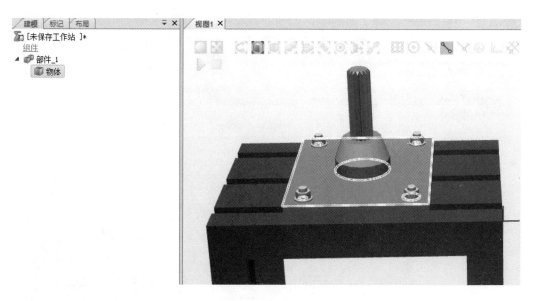

图 6.61　完成曲线的提取

在基本选项卡中选择"自动路径"，依次拾取上表面边界，如图 6.62 和图 6.63 所示。

图 6.62　选择 "自动路径"

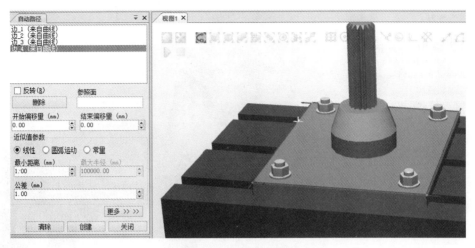

图 6.63　选择参照面

选择上表面作为参照面，决定工具在路径上的运动姿态，如图 6.64 ~ 6.66 所示。

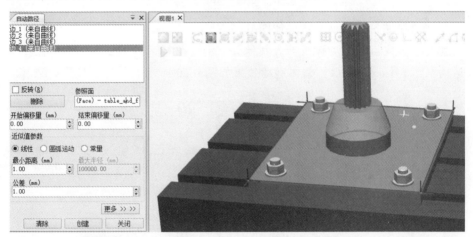

图 6.64　选择参照面

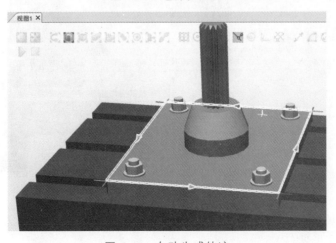

图 6.65　自动生成轨迹

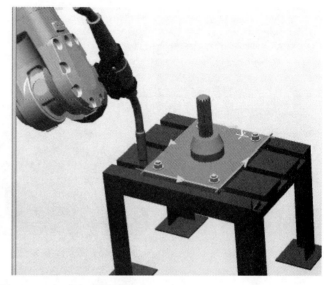

图 6.66 自动生成运动指令

（6）自动配置关节运动参数，如图 6.67 所示。

配置关节参数，即为选择机器人其他关节沿着路径运动的姿态。然后选择"沿着路径运动"，如图 6.68 所示。整体运动效果如图 6.69 所示。

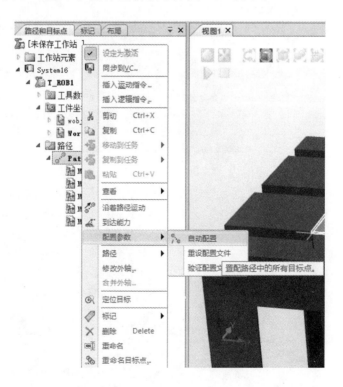

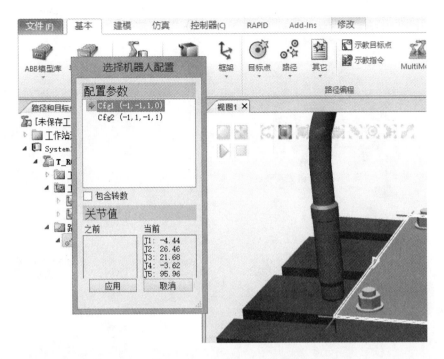

图 6.67　自动配置关节参数

图 6.68　沿着路径运动

（a）起始段

（b）第一、二段交点处

（c）第二段

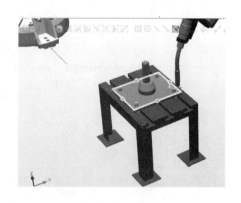

（d）第三段

（e）第四段

（f）终点处

图 6.69　运动轨迹仿真

本章小结

目前工业机器人编程还没有统一的国际标准，各制造商都有各自的机器人编程语言。本章以 ABB RAPID 语言为例，介绍了工业机器人的常用程序数据类型和数据存储类型。ABB 机器人编程常用的运动指令有绝对位置运动（MoveAbsJ）、关节运动（MoveJ）、线性运动（MoveL）和圆弧运动（MoveC）。I/O 控制指令主要有 Set 数字信号置位指令、ReSet 数字信号复位指令、WaitDI 数字输入信号判断指令、WaitDO 数字输出信号判断指令、WaitAI 模拟输入信号判断指令和 WaitAO 模拟输出信号判断指令。条件逻辑判断指令主要有 IF 条件判断指令、FOR 循环判断指令、WHILE 条件判断指令和 TEST 条件分支指令。最后，利用 RobotStudio 软件中的虚拟示教器给出了示教编程实例和离线编程实例。

思考题

1. ABB 机器人常见的数据类型有哪些？
2. PERS 存储类型和 CONST 存储类型的数据在使用时有什么区别？
3. 快速回到 ABB 机器人各关节零点位置，一般使用什么运动指令？
4. 重复多次运行同一程序，应该用什么条件判断指令？
5. 对运动时间进行计时，一般用哪些指令？
6. 使用 RAPID 语言，完成矩形轨迹的示教编程。

第 7 章　工业机器人驱动机构的故障分析与维修

7.1　工业机器人驱动机构概述

驱动机构是工业机器人的核心构件，它提供了机器人的动力来源，所以一旦出现问题必须尽快进行维修，以免影响正常生产活动。交流伺服驱动系统的发展与伺服电动机的不同发展阶段密切相关，从直流电机的发明到现在已经有一百多年的历史。直流电机虽然最早发明，但是由于当时铁磁材料及晶闸管技术的限制，发展较缓慢。一直到 1960 年以后，随着可控硅的发明及各种电机材料的改良，直流电动机才得到迅速发展，并在 20 世纪 70 年代成为各种伺服系统中最重要的驱动设备。在直流电机快速发展以前的一段时期内，步进电机应用最为广泛。受当时苏联和日本等方面因素的影响，磁阻式步进电机快速发展并应用到数控机床设备中，在此时期由于生产要求低、技术落后，伺服控制系统多为开环控制。从 20 世纪 80 年代到现在，由于直流伺服电机同功率情况下自身体积较大及换向电刷问题的存在，在很多场合不能满足环境要求。随着电动机生产技术及其永磁体制造材料、现代控制理论、电机控制原理的突飞猛进，出现了方波、正弦波驱动的各种新型永磁同步电动机，逐渐开始替代直流伺服电动机市场。根据对控制系统高性能的要求，现如今的大部分交流伺服系统采用闭环控制方式。

现代交流伺服驱动系统，已经逐渐向数字时代转变，数字控制技术已经无孔不入。如信号处理技术中的数字滤波、数字控制器、各种先进智能控制技术的应用等，把功能更加强大的控制器芯片及各种智能处理模块应用到工业机器人交流伺服驱动系统当中，可以实现更好的控制性能。分析多年来交流伺服控制系统的发展特色，总结市场上客户对其性能的要求，可以概括出交流伺服控制系统有以下几种热门发展方向：

1. 数字化

随着微电子技术的发展，处理速度更迅速、功能更强大的微控制器不断涌现，控制器芯片价格越来越低，硬件电路设计也更加简单，系统硬件设计成本快速下降，且数字电路抗干扰能力强，参数变化对系统影响小，稳定性好。

2. 智能化

为了适应更为恶劣的控制环境和复杂的控制任务，各种先进的智能控制算法已经开始应用在交流伺服驱动系统中。其特点是根据环境、负载特性的变化自主地改变参数，减少操作人员的工作量。目前市场上已经出现比较成熟的专用智能控制芯片，其控制动静态特性优越，在交流伺服驱动控制系统中被广大技术人员所采用。

3．通用化

当前，伺服控制系统一般都配置有多种控制功能参数，这有利于操作人员在不改变系统硬件电路设计的前提下方便地设置成恒压频比控制、矢量控制、直接转矩控制等多种工作模式，应用领域十分广泛。另外其可以控制异步、同步等不同类型的电动机，适应于各种闭环或开环控制系统。交流伺服控制系统的通用化将会在以后的伺服驱动系统发展的道路中越走越远。

7.2　交流伺服电机驱动器原理

7.2.1　交流伺服电机驱动器组成

图 7.1 所示为系统硬件总体结构图。此系统由主电路、核心控制器、功率驱动电路、逆变电路、PMSM（永磁同步电机）、增量式光电编码器、通信接口等部分组成。由上位机通过通信接口给 DSP（Digital Signal Process）控制器提供伺服指令，经过处理单元在 DSP 控制器内生成输出控制指令，再控制功率器件输出相应频率电压电流信号驱动电机运行，电动机利用电流传感器、编码器等器件检测输出电流、位置及速度信息，再把这些信息经过处理后返回 DSP 控制器，这样形成一个交流伺服驱动系统的总体结构。

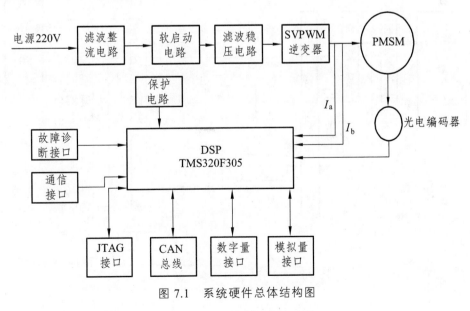

图 7.1　系统硬件总体结构图

在交流伺服驱动系统软件设计主程序中，主要完成的任务是系统上电后的控制器中各寄存器的初始化，包括对通用端口、ADC 采样端口、中断向量、时钟等模块的参数配置，实现 ADC 采样通道的软件校正，然后等待中断服务程序。在进入矢量控制中断程序以后，首先要进行现场保护，对电机母线电压、定子电流信号采样，根据编码器信息检测转子位置，实现速度算法，进行坐标变换，最后输出空间矢量电压，恢复现场，退出中断。

7.2.2 交流伺服电机驱动器控制原理

空间矢量脉宽调制技术是整个控制系统的核心环节，矢量控制法既适应异步电动机，也可用于同步电动机。其控制原理：交流异步电动机电磁转矩 $T = C_M \phi I_2 \cos \varphi_2$，电磁转矩与气隙磁通 Φ 和转子电流 I_2 成正比。Φ 是由定子电流 I_1 与转子电流 I_2 合成电流产生的，并处于旋转状态。把转子电流 I_2 比作直流电动机电枢电流 I_a，转子电流 I_2 时刻影响气隙磁通 Φ 的变化，Φ 不是独立变量。其次，交流电动机输入的定子电压和电流均是交变的，磁通 Φ 是空间交变矢量。仅仅控制定子电压和频率输出特性 $n = f(T)$ 显然不会是线性的。利用等效概念，将三相交流输入电流变为等效的直流电动机中彼此独立的励磁电流 I_f 和电枢电流 I_a，和直流电动机一样，通过对这两个量的反馈控制，实现对电动机转矩控制。再通过相反的变换，将被控制的等效直流量还原为三相交流量，控制实际的三相交流电动机，这样三相交流电动机调速性能就能完全体现直流电动机的特性。SPWM 变频调速系统框图如图 7.2 所示。

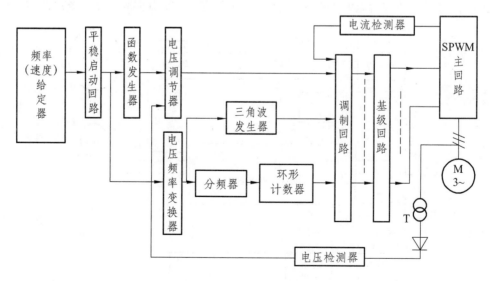

图 7.2　SPWM 变频调速系统框图

7.3　伺服电机的故障分析与维修

7.3.1　电机上电，机械振荡（加/减速时）

引发此类故障的常见原因有：① 脉冲编码器出现故障，此时应检查伺服系统是否稳定，电路板维修检测电流是否稳定，同时，速度检测单元反馈线端子上的电压是否在某几点电压下降，如有下降表明脉冲编码器不良，应更换编码器；② 脉冲编码器十字联轴节可能损坏，导致轴转速与检测到的速度不同步，应更换联轴节；③ 测速发电机出现故障，修复时应更换测速发电机，维修实践中，测速发电机电刷磨损、卡阻故障较多，此时应拆下测速发电机的电刷，用纲砂纸打磨几下，同时清扫换向器的污垢，再重新装好。

7.3.2　电机上电，机械运动异常快速（飞车）

出现这种伺服整机系统故障，应在检查位置控制单元和速度控制单元的同时，还应检查：① 脉冲编码器接线是否错误；② 脉冲编码器联轴节是否损坏；③ 检查测速发电机端子是否接反和励磁信号线是否接错。一般这类现象应由专业的电路板维修技术人员处理，否则可能会造成更严重的后果。

7.3.3　主轴不能定向移动或定向移动不到位

若出现这种伺服整机系统故障，应在检查定向控制电路的设置调整，检查定向板、主轴控制印刷电路板调整的同时，还应检查位置检测器（编码器）的输出波形是否正常来判断编码器的好坏（应注意在设备正常时测录编码器的正常输出波形，以便故障时查对）。

7.3.4　坐标轴进给时振动

应检查电机线圈、机械进给丝杠同电机的连接、伺服系统、脉冲编码器、联轴节、测速机等。

7.3.5　出现 NC 错误报警

NC 报警中因程序错误、操作错误引起的报警，如 FANUC6ME 系统出现"090.091" NC 报警，原因可能是：① 主电路故障和进给速度太低；② 脉冲编码器不良；③ 脉冲编码器电源电压太低（此时调整电源 15 V 电压，使主电路板的+5 V 端子上的电压值在 4.95～5.10 V）；④ 没有输入脉冲编码器的一转信号而不能正常执行参考点返回。

7.3.6 伺服系统报警

伺服系统故障时常出现如下报警号，如 FANUC6ME 系统的 416、426、436、446、456 伺服报警；STEMENS880 系统的 1364 伺服报警；STEEMENS8 系统的 114、104 等伺服报警。此时应检查：① 轴脉冲编码器反馈信号断线、短路和信号丢失，用示渡器测 A、B 相一转信号，看其是否正常；② 编码器内部故障，造成信号无法正确接收，检查其是否受到污染、太脏、变形等。

7.4 伺服驱动电路的故障分析与维修

工业机器人一般使用 FANUC 系统，下面着重介绍 FANUC 系统的故障分析与维修。

【典型实例】

（1）如果出现 X 轴伺服电动机过热报警。

分析与维修：经检查 X 轴伺服电动机外表温度过高，事实上存在过热现象。测量伺服电动机空载工作电流，发现其值超过了正常的范围。测量各电枢绕组的电阻，发现 A 相对地局部短路。拆开电动机检查发现，由于电动机的防护不当，在加工时冷却液进入了电动机，使电动机绕阻对地短路。修理电动机后，机床恢复正常。

（2）经常出现伺服电动机过热报警。

分析与维修：当报警时，触摸伺服电动机温度在正常的范围，实际电动机无过熟现象。因此，引起故障的原因应是伺服驱动器的温度检测电路故障或是过热检测热敏电阻的不良。

通过短接伺服电动机的过热检测热敏电阻触点，再次开机进行加工试验，经长时间运行，故障消失，证明电动机过热是由于过热检测热敏电阻不良引起的，在无替换元件的条件下，可以暂时将其触点短接，使其系统正常工作。

（3）在工作过程中，发现加工工件尺寸出现无规律的变化。

分析与维修：故障原因似乎与系统的"齿轮比"、参考计数器容量、编码器脉冲数等参数的设定有关，但经检查，以上参数的设定均正确无误，排除了参数设定不当引起故障的原因。

为了进一步判定故障部位，维修时拆下伺服电动机，并在电动机轴端通过划线做上标记，利用手动增量进给方式移动轴，检查发现轴每次增量移动一个螺距时，电动机轴转动均大于 360°。同时，在以上检测过程中发现伺服电动机每次转动到某一固定的角度上时，均出现"突跳"现象，且在无"突跳"区域，运动距离与电动机轴转过的角度基本相符（无法精确测量，依靠观察确定）。

根据以上试验可以判定故障是由于 X 轴的位置检测系统不良引起的。考虑到"突跳"仅在某一固定的角度产生,且在无"突跳"区域,运动距离与电动机轴转过的角度基本相符,因此,可以进一步确认故障与测量系统的电缆连接、系统的接口电路无关,原因是编码器本身的不良。

通过更换编码器试验,确认故障是由于编码器不良引起的。更换编码器后,机床恢复正常。

7.5　气动驱动机构的故障分析与维修

7.5.1　电-气伺服阀的原理

气动驱动机构中,调节阀起到非常重要的作用。气动伺服阀的结构如图 7.3 所示,第一级气压放大器为喷嘴挡板阀,由力矩马达控制;第二级气压放大器为滑阀;阀芯位移通过反馈杆转换机械力矩反馈到力矩马达上。当有一比例电流输入力矩马达控制线圈时,产生一定电磁力矩,使挡板(假如向左)偏离中位,反馈杆变形。这时两个喷嘴挡板阀的前腔产生一定压力差(左腔高于右腔),在此压差作用下,滑阀向右移动,反馈杆端点随着一起移动,反馈杆进一步变形,反馈杆变形产生的力矩与力矩马达电磁力矩相平衡,使挡板停留在某个与控制电流相对应的偏转角上。反馈杆进一步变形使挡板被部分拉回中位,反馈杆端点对阀芯的反作用力与阀芯两端的气动力相平衡,使阀芯停止在与控制电流相对应的位移上,这样,伺服阀就输出一个对应的压力。

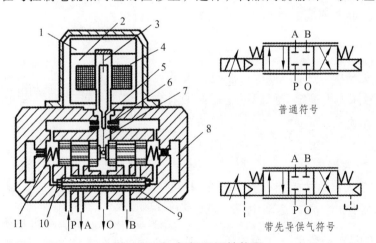

图 7.3　电-气伺服阀结构图

1—永久磁铁;2—导磁体;3—支撑弹簧;4—线圈;5—挡板;6—喷嘴;
7—反馈杆;8—阻尼气室;9—滤气器;
10—固定节流孔;11—补偿弹簧

7.5.2　重点检查部位

检查阀体内壁：在有高压差和腐蚀性介质的场合，阀体内壁、隔膜阀的隔膜经常受到介质的冲击和腐蚀，必须重点检查耐压耐腐情况。

检查阀座：因工作时介质渗入，固定阀座用的螺纹内表面易受腐蚀而使阀座松弛。

检查阀芯：阀芯是调节阀的可动部件之一，受介质的冲蚀较为严重，检修时要认真检查阀芯各部是否被腐蚀、磨损，特别是在高压差的情况下，阀芯的磨损因空化引起的汽蚀现象更为严重。损坏严重的阀芯应予更换。检查密封填料：检查盘根石棉绳是否干燥，如采用聚四氟乙烯填料，应注意检查是否老化和其配合面是否损坏。

检查执行机构中的橡胶薄膜是否老化，是否有龟裂现象。

7.5.3　常见故障分析与维修

1．调节阀不动作

（1）无信号、无气源。原因可能是：① 气源未开；② 由于气源含水在冬季结冰，导致风管堵塞或过滤器、减压阀堵塞失灵；③ 压缩机故障；④ 气源总管泄漏。

（2）有气源，无信号。原因可能是：① 调节器故障；② 信号管泄漏；③ 定位器波纹管漏气；④ 调节网膜片损坏。

（3）定位器无气源。原因可能是：① 过滤器堵塞；② 减压阀故障；③ 管道泄漏或堵塞。

（4）定位器有气源，无输出。原因可能是：定位器的节流孔堵塞。

（5）有信号、无动作。原因可能是：① 阀芯脱落；② 阀芯与阀座卡死；③ 阀杆弯曲或折断；④ 阀座阀芯冻结或焦块污物；⑤ 执行机构弹簧因长期不用而锈死。

2．调节阀的动作不稳定

（1）气源压力不稳定。原因可能是：① 压缩机容量太小；② 减压阀故障。

（2）信号压力不稳定。原因可能是：① 控制系统的时间常数（$T = RC$）不适当；② 调节器输出不稳定。

（3）气源压力稳定，信号压力也稳定，但调节阀的动作仍不稳定。原因可能是：① 定位器中放大器的球阀受脏物磨损关不严，耗气量特别增大时会产生输出振荡；② 定位器中放大器的喷嘴挡板不平行，挡板盖不住喷嘴；③ 输出管、线漏气；④ 执行机构刚性太小；⑤ 阀杆运动中摩擦阻力大，与相接触部位有阻滞现象。

3．调节阀振动

（1）调节阀在任何开度下都振动。原因可能是：① 支撑不稳；② 附近有振动源；③ 阀芯与衬套磨损严重。

（2）调节阀在接近全闭位置时振动。原因可能是：① 调节阀选大了，常在小开度下使用；② 单座阀介质流向与关闭方向相反。

4. 调节阀的动作迟钝

（1）阀杆仅在单方向动作时迟钝。原因可能是：① 气动薄膜执行机构中膜片破损泄漏；② 执行机构中"O"形密封泄漏。

（2）阀杆在往复动作时均有迟钝现象。原因可能是：① 阀体内有黏物堵塞；② 聚四氟乙烯填料变质硬化或石墨-石棉填料润滑油干燥；③ 填料加得太紧，摩擦阻力增大；④ 由于阀杆不直导致摩擦阻力大；⑤ 没有定位器的气动调节阀也会导致动作迟钝。

5. 调节阀的泄漏量增大

（1）阀全关时泄漏量大。原因可能是：① 阀芯被磨损，内漏严重，② 阀未调好关不严。

（2）阀达不到全闭位置。原因可能是：① 介质压差太大，执行机构刚性小，阀关不严；② 阀内有异物；③ 衬套烧结。

6. 流量可调范围变小

主要原因是阀芯被腐蚀变小，从而使可调的最小流量变大。

了解气动调节阀的故障现象及原因，可以采取相应措施予以解决。

7.6　液压驱动机构的故障分析与维修

7.6.1　电液伺服系统原理

现以机械手伸缩伺服系统为例，介绍其工作原理。图 7.4 所示为电液伺服系统结构图。该系统由电液伺服阀 1、液压缸 2、活塞带动机械手 3、齿轮齿条 4、电位器 5、步进电动机 6 和放大器 7 等元件组成。当电位器的触头处于中位时，没有电压输出，当它偏离中位时，电位器触头产生微弱电压，经放大器放大后对电液伺服阀进行控制。步进电动机带动电位器触头旋转，步进电动机的角位移和角速度由数控装置发出的脉冲数和脉冲频率控制，齿条固定在机械手上，电位器固定在齿轮上，当机械手带动齿条移动时，电位器同齿轮一起转动，形成负反馈。图 7.5 所示为机械手伸缩运动伺服系统方框图，控制过程：由数控装置发出一定数量脉冲，使步进电动机带动电位器 5 触头转过一定角度 θ_i，触头偏离电位器中位，产生微弱电压 u_1，经放大器 7 放大成 u_2，输入电液伺服阀 1 的线圈，使伺服阀产生一定开口，这时压力油经阀开口进入液压缸的油腔，推动活塞带着机械手运动，行程为 x_v，经齿条齿轮传动，电位器跟着转动，当电位器中位与触头重合时，触头输出电压为零，电液伺服阀失去信号，阀口关闭，机械手停止运动。

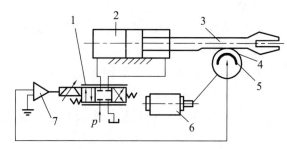

图 7.4　电液伺服系统结构图

1—电液伺服阀；2—液压缸；3—活塞带动机械手；4—齿轮齿条；
5—电位器；6—步进电动机；7—放大器

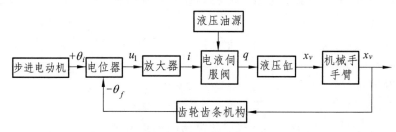

图 7.5　机械手伸缩运动伺服系统方框图

7.6.2　液压驱动机构应该注意的问题

（1）控制液压系统污染。

控制污染，保持工作介质清洁，是减少液压元件磨损，防止液压设备故障发生，确保液压系统正常工作的重要措施。

（2）控制工作介质温升。

控制液压系统中工作介质的温升是降低液压系统故障，减少能源消耗、提高系统效率的一个重要环节。

（3）控制液压系统泄漏。

控制液压系统泄漏极为重要，因为泄漏和吸空是液压系统常见的故障。泄漏不仅污染环境和使能耗及油耗增大，而且还会严重影响系统工作性能。要控制泄漏，首先是提高液压元件零部件的加工精度和元件的装配质量及管道系统的安装质量。其次是提高密封件的质量，注意密封件的安装使用与定期更换。最后是加强日常维护。

（4）防止和排除液压系统的振动与噪声。

振动影响液压元件的性能，它使螺钉松动、管接头松脱，从而引起泄漏，甚至使油管破裂。一旦出现螺钉断裂等故障，就可能会造成人身和设备事故。因此要尽量防止和减少振动现象。

7.6.3　常用液压元件的维护与修理

液压元件的故障是引起液压系统故障的主要原因，必须重视液压元件的维护和修理。液压元件的正确使用和精心维护，可以延缓其劣化速度，保持其规定的性能和良好的技术状态。但是，当液压元件使用到一定程度，由于零件磨损、疲劳或密封件老化失效，其劣化还是会超过允许的极限，使技术指标达不到使用要求，这时就应对其进行修理。液压元件标准化、通用化、系列化的程度较高，具有维修性。液压元件经过修理和试验后，其技术指标和性能达到要求的就可以继续使用。

1. 液压泵的维护与修理

液压泵的维护主要是对泵的正确使用管理和及时处理运行中出现的不正常状态，以及工作介质的过滤、排除微小故障等。由此及时改善液压泵的使用状况，保证泵的正常运行，延长泵的使用寿命。

液压泵损坏的原因主要有：泵内零件的磨损、腐蚀、疲劳破坏；泵的制造因素或者事故等。修复由于正常或不正常的原因引起的泵的损坏，其实质是对其劣化的补偿。液压泵修理的基本手段有两种，即修复和更换。

液压泵的维护主要应注意以下几点：

（1）认真实施日常点检和定期点检，及时发现并排除隐患，避免液压泵在不正常状态下继续工作。

（2）注意观察液压泵工作时的振动、噪声和发热现象，发现异常情况应立即早期进行详细检查和及时处理。如果泵的外表温度比油箱温度高 10 °C 以上，则可认为泵出现了异常。

（3）如果液压泵运行时噪声明显增大，则应判断是否有吸气现象，检查并拧紧油路管接头及联接螺钉。

（4）使用条件不能超过液压泵允许的范围，不能超速超载运行，单向泵不得反向运转，还应避免液压泵带负载启动以及在有负载情况下停车。

（5）液压泵启动前必须检查系统中溢流阀的调整状态。

（6）液压泵在工作前应进行不少于 10 min 的空负荷运转和短时间的负荷运转。然后检查其工作情况，不得有渗漏、机械冲击声、过度发热和噪声等现象。

（7）按要求对液压泵进行清扫和保洁工作，保证泵在良好的环境中运行。

（8）轴向柱塞泵在启动前应通过泵体上的"泄油口"或"注油口"向泵内注满清洁的工作介质，以免零件被烧伤。

（9）注意严格控制工作介质的污染度和温度，要加强对工作介质的维护检查。保证工作介质状态正常。

（10）对有泄油口的液压泵要注意泵体内的泄油压力，因为过高的泄油压力将导致轴封的早期损坏。

2. 液压缸的维护与修理

液压缸在长期运行过程中，其零部件会产生不同程度的磨损、疲劳、蠕变、腐蚀、松动、剥落、老化变质甚至损坏等现象，使得液压缸工作性能及技术状况恶化，甚至造成整台设备失效。因此，重视和加强液压缸维护与修理工作才可保证其液压系统正常地运行。

液压缸的日常检查内容：

（1）液压缸的泄漏情况。

（2）液压缸的动作状态是否正常。

（3）液压缸运行时的声音和温度有无异常。

（4）活塞杆有无伤痕和污染物的黏着情况。

（5）液压缸安装部位的状态，有无松动、裂痕、咬合、变形等现象。

液压缸的维护：

（1）各处联接螺钉除日常检查外，还应定期进行紧固。

（2）根据液压设备的具体工作条件，定期更换密封件。

（3）注意工作介质的清洁，定期清洗或更换有关液压元件。

（4）经常监视、注意液压缸工作状况，观察工作压力、速度以及爬行和振动情况。

（5）保持液压缸的清洁，防止尘埃、棉绒、污物等进入系统。

液压缸可修理内容：

（1）活塞杆表面有划痕，造成外泄漏时，则应对活塞杆进行修复。

（2）活塞杆表面上有较严重锈蚀，或在活塞杆工作长度内的表面上镀铬层脱落严重时，可以先进行磨削，之后进行镀铬修复。

（3）活塞杆上防尘密封圈已不起防尘作用时，灰尘、切屑、砂粒等进入液压缸损伤活塞杆表面，则应更换密封件。

（4）活塞杆弯曲变形值大于设计规定值的 20% 时，须进行校正修复。

（5）液压缸内泄漏量超过设计规定值的 3 倍以上时，应检查泄漏原因。若是密封件失效，应更换密封件；若是活塞磨损后间隙过大，应重做活塞进行研配修复。

（6）液压缸两端盖处有外泄漏时，应进行检查。若是端盖处密封件老化、破损，应更换密封件；若是联接螺钉松动，则应进行紧固。

（7）缓冲式液压缸的缓冲效果不良时，必须对缓冲装置进行检查修理。

3. 液压马达的维护与修理

为了及时发现液压马达的异常情况，在其正常运转过程中应加强日常检查与维护工作。日常检查主要包括对运转条件、工作介质、运转声音和马达温升等各项内容的检查。在液压马达工作了一定的时间后，如出现效率下降或其他不正常现象，应对该马达进行拆检。拆卸时应在专用的工作台上进行，并注意保持零部件的清洁，特别是精密的零部件，不得擦伤或碰伤其表面。马达拆卸后，原则上应将所有的密封圈、油封等全部更换。检查的主要内容为零部件有无损坏、咬合、裂纹及磨损情况。

由于液压马达在结构、工作原理等方面与液压泵相似，所以其维护内容和可修理内容也与液压泵的维护内容和可修理内容基本相同。但对于柱塞液压马达，在使用维护方面还应注意以下问题：

轴向柱塞马达和径向柱塞马达在首次使用前，都必须向其泵体内充满清洁的工作介质，以防出现严重磨损甚至烧坏；使用时应保证马达的主回油口有一定的背压，背压大小视不同工况而异；马达的泄漏油管要单独接回油箱，一般不可与主回油管相连，而且需保证其泄漏油口的压力不超过 0.1 MPa。

4. 常用液压控制阀的维护与修理

常用的液压控制阀主要有方向控制阀、压力控制阀和流量控制阀三大类。虽然各类液压阀的结构和工作原理及性能各不相同，但是其失效原因、维护内容及修理手段却有很多相似之处。

液压阀在规定的使用条件下丧失了规定的功能就是"失效"，各类液压阀的失效形式主要有机械性损坏、液压卡紧、气蚀等几种，其中机械性损坏一般是由阀件的磨损、疲劳、变形和腐蚀所造成的。液压阀的标准化、系列化、通用化程度较高，具有可修性。对于液压阀的修理手段主要是修复和更换。

液压阀可修理内容：

（1）阀芯与阀体孔磨损后，其配合间隙比设计值增大 20% 以上时，就须重做阀芯对阀体孔配研修复。

（2）锥阀芯与阀座密封性能变差时，就应进行配研修复。

（3）阀内弹簧，特别是调压弹簧弯曲、变弱或断裂时，应更换弹簧。

（4）密封件老化、失效，引起内、外泄漏时，应更换密封件。

（5）液压阀若出现卡死、失灵、迟缓等工作失常现象时，应进行清洗。

液压阀的日常检查和维护：

（1）注意观察液压阀是否处于正常工作状态，如表面温升是否过高、有无振动和异响、有无外泄漏、调节手柄的锁紧情况，以及换向阀动作时是否有冲击、压力阀工作时是否有振颤等。

（2）经常检查液压系统工作压力以及执行元件的动作是否正常，以此判断相应液压阀的工作状态。

（3）液压泵启动前，应认真检查各液压阀是否处于规定的调节状态，以及油箱液位是否正常。

（4）采取有效措施控制工作介质的温升及污染程度，使之符合液压阀的工作要求。

（5）注意保持液压阀的清洁，并要防止污染物进入系统。

本章小结

本章主要介绍了伺服控制的原理及特点，伺服驱动电路、伺服驱动电机、气动驱动机构及液压驱动机构的常见故障，针对这些故障提出如何处理的方法及流程。通过本章学习，要求熟悉伺服控制原理框图及控制电路图，掌握驱动机构各元件故障维修方法及注意事项，从而提高维修人员高效、优质维护设备的能力。

思考题

1. 工业机器人伺服控制原理是什么？
2. 伺服驱动电路的故障有哪些？处理方法如何？
3. 试论述伺服电机的结构特点及工作原理。
4. 伺服电机常见故障有哪些？处理方法如何？
5. 试述气动驱动原理及特点。
6. 气动驱动机构重点检查有哪些？
7. 试述液压驱动的原理及特点。
8. 液压泵故障有哪些？处理方法如何？
9. 液压马达故障有哪些？处理方法如何？
10. 液压阀可修理内容是什么？

第8章 控制器的故障分析与维修

工业机器人控制系统是工业机器人的核心组成部分，用于对操作机的控制，以完成特定的工作任务。因此，工业机器人控制系统的可靠性决定了工业机器人系统乃至整条自动化生产线的可靠性。提高对控制器的维修效率能直接提高工业机器人的工作效率。

8.1 控制器概述

8.1.1 功 能

工业机器人控制器的基本功能：

（1）记忆功能：存储作业顺序、运动路径、运动方式、运动速度和与生产工艺有关的信息。

（2）示教功能：离线编程、在线示教、间接示教。在线示教包括示教盒和导引示教两种。

（3）与外围设备联系功能：输入和输出接口、通信接口、网络接口、同步接口。

（4）坐标设置功能：有关节、绝对、工具、用户自定义 4 种坐标系。

（5）人机接口：示教盒、操作面板、显示屏。

（6）传感器接口：位置检测、视觉、触觉、力觉等。

（7）位置伺服功能：机器人多轴联动、运动控制、速度和加速度控制、动态补偿等。

（8）故障诊断安全保护功能：运行时系统状态监视、故障状态下的安全保护和故障自诊断。

8.1.2 工业机器人控制器的组成

工业机器人控制器包括控制计算机、示教盒、操作面板、存储器、输入输出设备、传感器接口、轴控制器等 10 部分组成，如图 8.1 所示。控制系统的各组成部分的功能如下：

（1）控制计算机：控制器的调度指挥机构。一般为微型机、微处理器，有 32 位、64 位等，如奔腾系列 CPU 及其他类型 CPU。

（2）示教盒：示教机器人的工作轨迹和参数设定，以及所有人机交互操作，拥有自己独立的 CPU 以及存储单元，与主计算机之间以串行通信方式实现信息交互。

（3）操作面板：由各种操作按键、状态指示灯构成，只完成基本功能操作。

（4）存储器：存储机器人工作程序的外围存储器。

（5）数字和模拟量输入输出：各种状态和控制命令的输入或输出。

（6）打印机接口：记录需要输出的各种信息。

（7）传感器接口：用于信息的自动检测，实现机器人柔顺控制，一般为力觉、触觉和视觉传感器。

（8）轴控制器：完成机器人各关节位置、速度和加速度控制。

（9）辅助设备控制：用于和机器人配合的辅助设备控制，如手爪变位器等。

（10）通信接口：实现机器人和其他设备的信息交换，一般有串行接口、并行接口等。

（11）网络接口：

① Ethernet 接口：可通过以太网实现数台或单台机器人的直接 PC 通信，数据传输速率高达 10 Mbit/s，在 PC 上用 Windows 库函数进行应用程序编程之后，支持 TCP/IP 通信协议，通过 Ethernet 接口将数据及程序装入各个机器人控制器中。

② Fieldbus 接口：支持多种流行的现场总线规格，如 Device net、AB Remote I/O、Interbus-s、profibus-DP、M-NET 等。

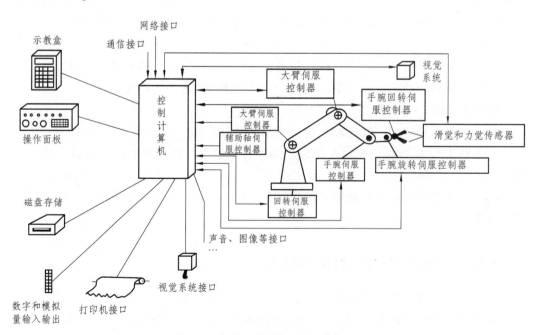

图 8.1　机器人控制系统组成框图

8.1.3　工业机器人控制器结构

工业机器人控制器结构与其控制方式有关。按控制方式，工业机器人控制系统结构可分为三类。

（1）集中控制系统：用一台计算机实现全部控制功能，结构简单，成本低，但实时性差，难以扩展。在早期的机器人中常采用这种结构，其构成框图，如图 8.2 所示。基于 PC 的集中控制系统里，充分利用了 PC 资源开放性的特点，可以实现很好的开放性：多种控制卡、传感器设备等都可以通过标准 PCI 插槽或通过标准串口、并口集成到控制系统中。集中式控制系统的优点是：硬件成本较低，便于信息的采集和分析，易于实现系统的最优控制，整体性与协调性较好，基于 PC 的系统硬件扩展较为方便。其缺点也显而易见：系统控制缺乏灵活性，控制危险容易集中，一旦出现故障，其影响面广、后果严重；由于工业机器人的实时性要求很高，当系统进行大量数据计算时，会降低系统实时性，系统对多任务的响应能力也会与系统的实时性相冲突；系统连线复杂，会降低系统的可靠性。

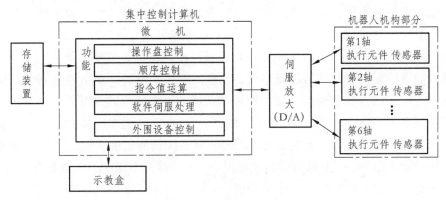

图 8.2　集中控制系统框图

（2）主从控制系统：采用主、从两级处理器实现系统的全部控制功能。主 CPU 实现管理、坐标变换、轨迹生成和系统自诊断等；从 CPU 实现所有关节的动作控制。其构成框图如图 8.3 所示。主从控制方式系统实时性较好，适于高精度、高速度控制，但其系统扩展性较差，维修困难。

（3）分散控制系统：按系统的性质和方式将系统控制分成几个模块，每一个模块各有不同的控制任务和控制策略，各模式之间可以是主从关系，也可以是平等关系。这种方式实时性好，易于实现高速、高精度控制，易于扩展，可实现智能控制，是目前流行的方式。其控制框图如图 8.4 所示。其主要思想是"分散控制，集中管理"，即系统对其总体目标和任务可以进行综合协调和分配，并通过子系统的协调工作来完成控制任务，整个系统在功能、逻辑和物理等方面都是分散的，所以 DCS 系统又称为集散控制系统或分散控制系统。这种结构中，子系统是由控制器和不同被控对象或设备构成的，各个子系统之间通过网络等相互通信。分布式控制结构提供了一个开放、实时、精确的机器人控制系统。分布式系统中常采用两级控制方式。

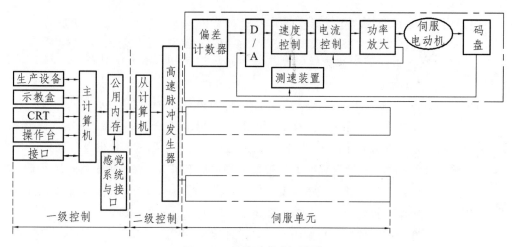

图 8.3 主从动控制系框图

两级分布式控制系统，通常由上位机、下位机和网络组成。上位机可以进行不同的轨迹规划和控制算法，下位机进行插补细分、控制优化等的研究和实现。上位机和下位机通过通信总线相互协调工作，这里的通信总线可以是 RS-232、RS-485、EEE-488 及 USB 总线等形式。现在，以太网和现场总线技术的发展为机器人提供了更快速、稳定、有效的通信服务。尤其是现场总线，它应用于生产现场，在微机化测量控制设备之间实现双向多结点数字通信，从而形成了新型的网络集成式全分布控制系统——现场总线控制系统 FCS（Filed bus Control System）。在工厂生产网络中，将可以通过现场总线连接的设备统称为"现场设备/仪表"。从系统论的角度来说，工业机器人作为工厂的生产设备之一，也可以归纳为现场设备。在机器人系统中引入现场总线技术后，更有利于机器人在工业生产环境中的集成。

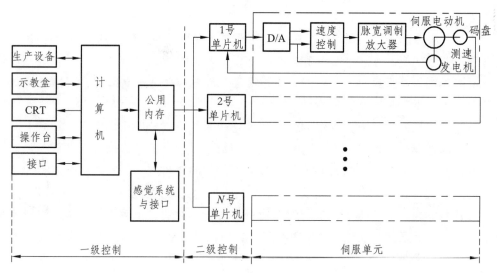

图 8.4 分布式控制系统框图

分布式控制系统的优点在于：系统灵活性好，控制系统的危险性降低，采用多处理器的分散控制，有利于系统功能的并行执行，提高系统的处理效率，缩短响应时间。

对于具有多自由度的工业机器人而言，集中控制对各个控制轴之间的耦合关系处理得很好，可以很简单地进行补偿。但是，当轴的数量增加到使控制算法变得很复杂时，其控制性能会恶化。而且，当系统中轴的数量或控制算法变得很复杂时，可能会导致系统的重新设计。与之相比，分布式结构的每一个运动轴都由一个控制器处理，这意味着，系统有较少的轴间耦合和较高的系统重构性。

8.2　示教器的原理与应用

用机器人代替人进行作业时，必须预先对机器人发出指示，规定机器人进行应该完成的动作和作业的具体内容，这个过程就称为对机器人的示教或对机器人的编程。对机器人的示教有不同的方法，要想让机器人实现人们所期望的动作，必须赋予机器人各种信息。首先是机器人动作顺序的信息及外部设备的协调信息；其次是与机器人工作时的附加条件信息；再次是机器人的位置和姿态信息。前两个方面很大程度上是与机器人要完成的工作以及相关的工艺要求有关，位置和姿态的示教通常是机器人示教的重点。

示教器又叫示教编程器（见图 5.1），是机器人控制系统的核心部件，是一个用来注册和存储机械运动或处理记忆的设备，该设备是由电子系统或计算机系统执行的。目前机器人位置与姿态的示教大致有两种方式：直接示教和离线示教。而随着计算机虚拟现实技术的快速发展，出现了虚拟示教编程系统。

所谓直接示教，就是指我们通常所说的手把手示教，由人直接搬动机器人的手臂对机器人进行示教，如示教盒示教或操作杆示教等。在这种示教中，为了示教方便以及获取信息的快捷和准确，操作者可以选择在不同坐标系下示教，例如，可以选择在关节坐标系（Joint Coordinates）、直角坐标系（Rectangular Co-ordinates）、工具坐标系（Tool Coordinates）或用户坐标系（User Coordinates）下进行示教。

离线示教与直接示教不同，操作者不对实际作业的机器人直接进行示教，而是脱离实际作业环境生成示教数据，间接地对机器人进行示教。在离线示教法（离线编程）中，通过使用计算机内存储的机器人模型（CAD 模型），不要求机器人实际产生运动，便能在示教结果的基础上对机器人的运动进行仿真，从而确定示教内容是否恰当及机器人是否按人们期望的方式运动。

直接示教面向作业环境，相对来说比较简单直接，适用于批量生产场合。而离线编程则充分利用计算机图形学的研究成果，建立机器人及其环境的模型，然后利用计算机可视化编程语言 Visual C ++（或 Visual Basic）进行作业离线规划、仿真，但是它在作业描述上不能简单直接，对使用者来说要求较高。而虚拟示教编程充分利用了上述两种示教方法的优点，也就是借助于虚拟现实系统中的人机交互装置（如数据手套、游戏操纵杆、力觉笔杆等）操作计算机屏幕上的虚拟机器人动作，利用应用程序界面记录示教点位置与姿态、动作指令并生成作业文件（*.JBI），最后下载到机器人控制器后，完成机器人的示教。

示教器维修是示教器维护和修理的泛称，是针对出现故障的示教器通过专用的高科技检测设备进行排查，找出故障的原因，并采取一定措施使其排除故障并恢复达到一定的性能，确保机器人能正常使用。示教器维修包括示教器大修和示教器小修。示教器大修是指修理或更换示教器任何零部件，恢复机器人示教器的完好技术状况和安全（或接近安全），恢复示教器寿命的恢复性修理。示教器小修是用更换或修理个别零件的方法，保证或恢复示教器正常工作。

本书的示教器就是再现示教，也称为直接示教，就是指我们手把手示教，由人直接搬动机器人的手臂对机器人进行示教，如示教盒示教或操作杆示教。再现示教是机器人普遍采用的编程模式，典型的示教过程是依靠操作员观察机器人及其夹持工具相对于作业对象的位置与姿态，通过对示教盒的操作，反复调整示教点处机器人的作业位置与姿态、运动参数和工艺参数，然后将满足作业要求的这些数据记录下来，再转入下一点的示教。整个示教过程结束后，机器人的实际运行使用这些被记录的数据，经过插补运算，就可以再现在示教点上记录的机器人的位置与姿态。

示教器通过线缆与主控计算机相连，操作人员通过操作示教器，向主控计算机发出控制命令，操纵主控计算机上的软件，完成对机器人的控制。示教器将接收到的当前机器人运动和状态等信息通过液晶屏完成显示。在这种示教方式中，示教盒是一个重要的编程设备，一般具有直线、圆弧、关节插补以及能够分别在关节空间和笛卡尔空间实现对机器人的控制等功能。

示教时，如图 8.5 所示，当用户按下示教键盘上的按键时，示教器通过线缆向主控计算机发出相应的指令代码（S0）。此时，主控计算机的主控模块中负责串口通信的通信子模块中的串口监视线程接收到指令代码（S1），然后由指令解释模块分析判断该指令，并进一步向相关模块发送指令码相应的消息（S2），驱动有关模块完成该指令码要求的具体功能（S3）。同时，为了让操作用户时刻掌握机器人的运动位置和各种状态信息（S4），主控计算机的有关模块同时将此状态信息发送给串口示教器（S5），在液晶显示屏上显示，从而与用户沟通，完成数据交互功能。

在早期的示教再现系统中，还有一种人工牵引示教，一般是操作员直接牵引机器人沿作业路径运动一遍，对于难以直接牵引的大、中型功率液压机器人，这种方式并不合适。于是又有人工模拟牵引示教，在牵引的过程中，由计算机对机器人各关节运动的数据采样记录，得到作业路径数据。这些数据是各关节的数据，因此这种方法又被称为坐标示教法。示教失误，修正路径的唯一方法就是重新示教。

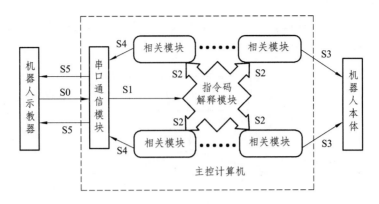

图 8.5 示教数据流关系图

这些形式不同的机器人示教再现系统具有如下一些共同特点：

（1）利用了机器人具有较高的重复定位精度优点，降低了系统误差对机器人运动绝对精度的影响，这也是目前机器人普遍采用这种方式示教的原因。

（2）要求操作员具有相当的专业知识和熟练的操作技能，并需要现场近距离示教操作，因而具有一定的危险性，安全性较差。

（3）示教过程烦琐、费时，需要根据作业任务反复调整机器人的动作轨迹姿态和位置，时效性较差。

早期示教器硬件平台多采用单板机。图 8.6 中采用的是 ICOP-6052V 的 386 级 PCP104 单板机，10×8 子矩阵标准 PC 键盘；RS232 串行端口，SHARPLM32019T 单色 LCD（分辨率为 320×240 像素）。

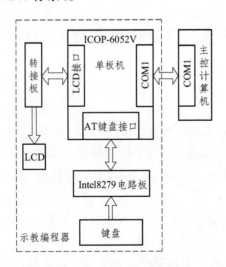

图 8.6 示教编程硬件结构图

示教编程器软件系统采用 Borland C++集成开发环境，在 UCDOS 操作系统下进行开发。该软件开发完成后运用在安装 UCDOS 操作系统的 ICOP-6052V 单板机上，根据示教编程器的功能需要，该软件主要包括程序管理、程序编程、串口通信和界面显示 4 个模块，如图 8.7 所示。对应于 4 个模块，键盘上的键也分为状态更改类键、程序管理类键、程序编辑类键和运动指令类键。

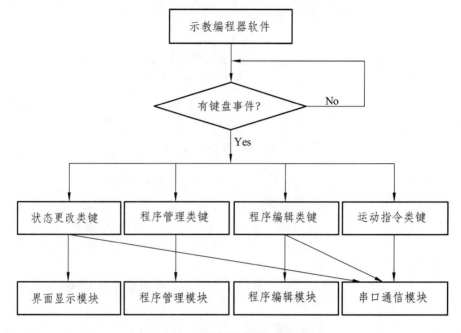

图 8.7　示教编程器软件工作流程

8.3　控制柜故障分析与维修

8.3.1　概　述

工业机器人的控制器主要包括两大部分，一个是控制柜，另外一个是示教器。控制柜中包含了多个 PLC 控制模块，用于控制机器人六轴或 N 轴的运动；示教器则是人机掌控的连接器，可用于编程和发送控制命令给控制柜以命令机器人运动。示教器又分为有线示教器和无线示教器。

本书将以 ABB 机器人的控制柜 IRC5 控制器为例做一个详细讲解，本部分将主要介绍控制柜的总体及各个零部件。

如图 8.8 所示，ABB 机器人控制柜中包含有主计算机、输入/输出板、轴计算机板、驱动单元、供电模板和接触器板等。主计算机主要进行数据采集和数据处理，输入/输出板用于与传感器和外部设备进行通信，轴计算机板用于计算机器人关节的运动数据，驱动单元为各个关节的电机提供驱动电流，供电模块为控制模块和驱动模块提供电源，接触器板用为示教器提供控制指令。

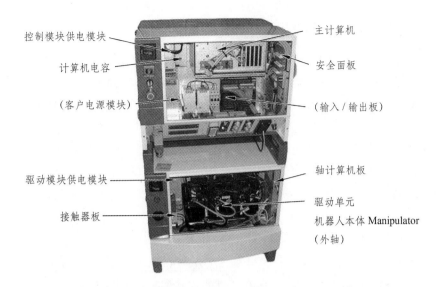

控制模块供电模块

计算机电容

（客户电源模块）

驱动模块供电模块

接触器板

主计算机

安全面板

（输入／输出板）

轴计算机板

驱动单元

机器人本体 Manipulator

（外轴）

图 8.8　ABB 机器人控制系统 IRC5 控制柜实物图

8.3.2　报错与故障处理

1. E0023、E0025、E0051、E0054 报警

E0023 表示编码器断线报警，E0025 表示编码器位突变，E0051 表示编码器数据传输错误，E0054 表示编码器位置突变报警。

在机器人控制系统中，机器人不断读取伺服电机的编码器数据，当出现上述报警时，不仅仅可能是编码器本身故障，还可能是下列故障：编码器线路故障、相关电源故障、伺服控制板故障。故障可能涉及多个项目，处理方法如下：① 关断电源，重新送电，看故障是否能够消除；② 检查伺服驱动单元的 CNEC1、2 编码器连接插头到编码器的线路是否正常；③ 关断电源，检查 SR3 电源 P5E-M5E 间电阻是否为 0，若为 0，则线路有短路；④ 接通电源状态下，检查 SR3 电源 P5E-M5E 间输出直流电压是否在 5.3 ~ 5.5 V；⑤ 检查 UM200 板的 P5-M0 间电压是否在 5.1±0.1 V；⑥ 关断电源，把故障编码器与正常的编码器对调，接通电源，确认编码器是否损坏。如果上述检查都无问题，则是伺服单元的 UM200 故障，需要更换 UM200 板。

2. E0032、E0072 报警

E0032 表示伺服故障过电流，E0072 表示伺服驱动单元过电流。出现过流故障的主要原因及处理方法：① 机器人发生干涉；② 线路故障，检查伺服驱动单元的连接器 CNEC1、CNEC1，检查故障电机线路；③ 伺服电机相间和对地短路，在关断电源状态下，检测电机 U-V、V-W、W-U 间的电阻，如果阻值不为 0，则更换伺服单元，阻值为 0，则更换伺服电机。

3. E0021、E0022、E0026、E0038 报警

E0021 表示伺服故障（编码器速率背离错误），E0022 表示伺服故障（位置偏差异常），E0026 表示伺服故障（干涉），E0038 表示伺服故障（过载）。

上述故障与机器人的负载有关，处理过程如下：① 按操作面板的 MOTORS ON 按钮，如果 MOTORS ON 不能接通，则更换伺服驱动单元；② 检查机器人是否有干涉；③ 核定机器人的负载（抓具或焊枪）质量是否超出机器人的负荷能力；④ 手动移动各轴，听机械部分是否有噪声，如果有噪声，则检查轴承、减速器齿轮等传动装置；⑤ 在运转准备关断状态下，用抱闸释放开关释放抱闸（注：抱闸释放时，机器人臂可能落下造成伤害，释放前对可能坠落的臂进行支撑），用听声音的方法，确认抱闸是否释放，如果能够释放，则更换伺服驱动单元；⑥ 抱闸不能释放，检测控制柜的 PB-MB 间电压是否在 24 V 以上，如果低于 24 V，检查端子到整流桥 REC1 间配线及整流桥；⑦ 如果 PB-MB 间电压正常，拔下故障电机的连接线，在释放开关接通状态下，检查 PB-MB 间电压是否在 23～25 V，如果不正常，则检查线路；⑧ 如果在电机位置检查 PB-MB 间电压正常，则更换电机。

4. E0061 热继电器或断路器跳闸

机器人控制柜有 3 个分断路器，分别是 CP1、CP2、CP3。出现该报警时，首先检查这 3 个断路器是否跳闸，如果都未跳闸，则可能是伺服驱动单元或伺服驱动单元的 CNPW 连接器与电路保护报警点间配线不良。CP1 为伺服驱动单元的主回路及控制回路供电，如果 CP1 跳闸，检查伺服驱动单元的 CNPRB 连接是否正常，盘内配线是否有问题，电机是否短路或对地，如果上述检查未发现问题，则更换伺服驱动单元；CP2 为伺服抱闸回路供电，如果 CP2 跳闸检查抱闸是否短路，盘内抱闸线路是否短路或对地；CP3 为柜内冷却风扇供电，如果 CP3 跳闸检查风扇线路或风扇是否短路。

5. E0056 伺服报警，编码器在加载之前异常

该报警是在伺服电机在开始执行时，编码器数据未按照给定反馈。原因涉及两个方面：① 电机执行时阻力过大（检查机器人是否有干涉，抱闸是否释放开，电机本身或电缆有问题）；② 编码器及线路有问题。

6. E0052 编码器电池异常

SH200-01 机器人编码器是绝对位置编码器，系统断电时，由电池保持数据，当电池电压低于 3.5 V 时，会出现该报警。因此，可以先更换电池，若故障不能恢复，则检查电池到编码器间线路，若仍然不能恢复正常，则需要更换电机。

7. E0044 电机电源过电压

该报警是伺服驱动单元输出到伺服电机的电压超出规定值。首先检查系统供电电源电压是否在规定值 ±10% 范围内，如果机器人是在减速时出现报警，则要检查再生放电电阻是否正常，检查方法：断开系统电源，拔下伺服放大器的 CNR 连接器，检测连接器所连的放电电阻的阻值是否为 5 Ω。如上述检查都正常，则应更换伺服单元。

8. E0062 接触器（MSHP）不能吸合

因为接触器 MSHP 为伺服单元主回路供电，机器人有急停时，通过 MSHP 切断伺服单元主回路电源，所以首先要检查机器人急停和外部急停信号是否正常。急停状态信号是否正常，可通过伺服单元的 CRD5/CR5（LED）指示灯是否亮来确认。如果该灯不亮，则急停有问题，检查急停线路，检查 UM124 和伺服单元的 CNSV 连接器间的线路，或者更换 CRD5/CR5 继电器。如果伺服单元的 CRD5/CR5（LED）指示灯亮，按 MOTORS ON 按钮，伺服单元的 CRD1/CR1 指示灯（LED）应该亮，如果不亮，则更换继电器 CRD1/CR1；如果亮，检查 MSHP 的 AC200V 输入电压是否在 AC 200 ×（1±10%）V 范围，如果也正常，则检查 MSHP 的报警接点到伺服单元 CNPW 间的接线。上述检查未发现问题，则更换伺服单元。

9. E0042 电机温升异常

电机温升异常报警，是伺服单元检测到电机本体的温度开关动作信号。机器人每个电机内有一个温度检测开关（常闭），所有电机的温度检测开关的常闭触点串联在一起，输入到伺服单元（CNBK1 的 A03 针脚）。用手摸各个电机，确认电机是否真的过热，如果电机不热，则可能是信号或传输途径中有问题，检查 TS 线路或电机的温控开关。如果电机确实过热，可能是由于机器人干涉、伺服电机抱闸为释放、传动机械结构故障、电机相间或对地短路等原因。若上述检查都未发现问题，则应更换伺服单元。

10. E0060 伺服单元温升异常，E0063 控制柜温升异常

控制柜或伺服单元温升异常报警时，可能原因有：环境温度超过机器人允许温度；一次电源电压不在额定电压 ±10% 范围；热交换器风扇不转（柜内、背面）；控制装置背面的风扇不转；热交换器过滤网堵；控制柜背面安装间距小于 200 mm。

11. E0039 伺服故障，转动超速

检查机器人负载是否在规定范围。如果不能接通 MOTORS ON 按钮，则更换伺服单元；如果能接通 MOTORS ON 按钮，检查机械传动的轴承、减速器是否有噪声，最后，降低再现运行速度，如仍然不能正常工作，则需更换伺服单元。

12. E0046 再生放电电阻温升异常

再生放电电阻位于控制柜背面，电阻值为 5 Ω，电阻上有电阻温度检测开关。出

现报警时，检查背面的风扇是否转动正常：如不正常，应检查一次电源电压、风扇配线或更换风扇；如果风扇正常，则检查控制柜背面的间距是否在 200 mm 以上，放电电阻的连接器（CNTH）与伺服单元连接是否正常，检测放电电阻是否为 5 Ω。如果上述检查都正常，则更换伺服单元。

13. E0065 硬极限超程报警

机器人设有行程极限开关，如果机器人移动时压上开关，则发出该报警，这个极限通常叫作硬极限。与此相对应，在软件上也设有行程极限位置，叫作软极限。通常软极限在硬极限范围内。故障处理方法：检查行程极限开关是否动作，如未动作，则检查极限开关的配线，如未发现问题，则更换伺服单元；如果行程极限开关动作，在按着控制柜内的硬极限释放开关状态下，接通 MOTORS ON 按钮，手动移动超程轴到正常位置，则系统恢复正常，此时需要确认软极限设定值，软极限应在硬极限范围之内，否则软极限起不到保护作用。

14. E0066 伺服单元控制电源异常

该报警涉及两个电源：一是为伺服单元 CPU 板供电的 SR1，检查 SR1 的 P5-M0 间电压是否在 5.1～0.1 V；二是电源板的整流桥输出电压是否在 24 V 以上，如不是，则更换整流桥（或整流桥的输出滤波电容 C1）。另外，需要检查伺服单元的 CNPW 的接线。如果上述检查没发现问题，则更换伺服单元。

15. E0073 伺服单元换热器温升异常

检查一次电源电压是否在额定电压 ±10% 范围、环境温度控制柜背面安装间距是否在 200 mm 以上、换热器过滤网是否堵。如果上述检查没发现问题，则更换伺服单元。

16. E0074 电机电源放电回路异常

检查放电电阻阻值，正常值为 5 Ω；检查放电电阻线路；检查伺服单元的放电电阻连接器 CNR 连接是否正常。如果上述检查未发现问题，则更换伺服单元。

17. 不能手动操作

不能进行手动操作，涉及操作模式选择是否正确、MOTORS ON 按钮是否能够接通、轴操作信号是否通过 UM124 发给到伺服单元。处理方法：手动操作过程中如果有报警，根据报警信息进行处理，在操作过程中，首先要接通 MOTORS ON 按钮，如果不能接通，检查操作面板的配线和 UM124 的 CNSW 连接器是否正常。按下安全开关（示教盒背面），电机接通（能够听到抱闸释放声音），按轴移动键，如果轴不能移动，则更换伺服单元，如过电机不能接通，检查操作面板、示教盒的示教/再现选择开关，如未发现问题，则检查示教盒配线，更换示教盒，如仍然不能动作，则更换伺服单元。

本章小结

本章以 ABB 机器人为例介绍了工业机器人控制器的功能和系统结构，并介绍了工业机器人示教器的原理和结构。最后分析了工业机器人的故障种类，并介绍了相应的处理方法。

思考题

1. 简述工业机器人的三类控制系统结构。
2. 简述工业机器人控制系统的组成。
3. 简述工业机器人示教器软件的基本功能。

第9章　减速器机构的故障分析与维修

9.1　减速器机构概述

9.1.1　工业机器人对减速器的要求

工业机器人是一种自动化工作设备，在工作过程中，遇到各种工作状况时，基本没有人工控制，必须自适应地控制执行机构运动。因此，要求它具有机械装置运动灵活平稳、动力特性好、定位精度高、运动速度快、承载能力强、使用寿命长和效率高等性能。

9.1.2　工业机器人常用减速器的分类及特性

工业机器人常用减速器分为谐波减速器、摆线针轮行星减速器和 RV 减速器。

谐波齿轮减速器是利用行星齿轮传动原理发展起来的一种新型减速器。谐波齿轮传动（简称谐波传动），它是依靠柔性零件产生弹性机械波来传递动力和运动的一种行星齿轮传动。与普通齿轮传动相比具有体积小、质量轻、结构简单、传动比范围大（单级传动比为 40 ~ 350，多级传动比可达 1 600 ~ 100 000）、传动效率高、传动精度高、承载能力强等特点，可广泛用于工业机器人、机床微量进给等领域。

摆线针轮行星减速器是针对改进渐开线少齿差行星齿轮减速器存在的主要缺点（承载能力差）发展起来的一种新型传动机构。它具有结构紧凑、体积小、质量轻、传动比大且范围宽、运动平稳、无噪声、有较大的过载能力、较高的耐冲击性能、机械效率高（一级减速器的效率达 90% ~ 97%）和使用寿命长等优点。因此，它被广泛应用于工业机器人、机械制造装备、起重运输机器等领域。

RV 减速器由摆线针轮和行星支架组成，是在摆线针轮传动基础上发展起来的一种新型传动，除具有摆线针轮行星传动优点外，它还比单纯的摆线针轮行星传动具有更小的体积和更大的过载能力，且输出轴刚度大。因而在国内外受到广泛重视，在日本机器人的传动机构中，已在很大程度上逐渐取代单纯的摆线针轮行星减速器和谐波减速器。

9.2　RV 减速器机构的故障分析与维修

9.2.1　RV 减速器的结构

RV 型减速机是 2 级减速型。第 1 减速部是正齿轮机构，输入轴的旋转从输入齿轮传递到直齿轮，按差动轮系进行变速。第 2 减速部是行星减速机构，直齿轮与曲柄轴相连接，变为第 2 减速部的输入，在曲柄轴的偏心部分，通过滚动轴承安装 RV 齿轮，在外壳内侧仅比 RV 齿轮数多一个的针齿，以同等的齿距排列，由行星 RV 齿轮输出。其三维图和二维结构图如图 9.1 和图 9.2 所示。

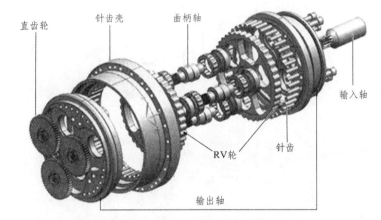

图 9.1　RV 减速器减速三维图

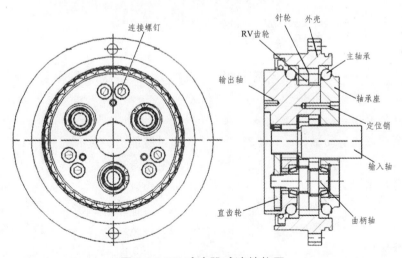

图 9.2　RV 减速器减速结构图

9.2.2　RV 减速器的工作原理

RV 传动装置是由第一级渐开线圆柱齿轮差动减速机构和第二级摆线针轮行星减速

机构两部分组成,为一封闭差动轮系。其结构示意图如图9.3所示。主动的太阳轮与输入轴相连,如果渐开线中心轮顺时针方向旋转,它将带动3个成120°布置的行星轮在绕中心轮轴心公转的同时还有逆时针方向自转,3个曲柄轴与行星轮相固连而同速转动,两片相位差180°的摆线轮铰接在3个曲柄轴上,并与固定的针轮相啮合,在其轴线绕针轮轴线公转的同时,还将反方向自转,即顺时针转动。输出机构(即行星架)由装在其上的3对曲柄轴支撑轴承来推动,把摆线轮上的自转矢量以1∶1的速比传递出来。

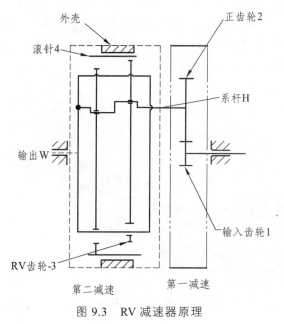

图9.3　RV减速器原理

9.2.3　RV减速器传动比分析

齿轮1、2和输出轴W组成差动轮系,系杆H、RV轮3、针轮4和输出轴W组成行星轮系。求输入1和输出W的i_{1W}:

由差动轮系得:

$$i_{12}^{W} = \frac{\omega_1 - \omega_W}{\omega_2 - \omega_W} = -\frac{Z_2}{Z_1}$$

由行星轮系得:

$$i_{34}^{H} = \frac{\omega_3 - \omega_H}{\omega_4 - \omega_H} = \frac{Z_4}{Z_3}$$

由条件得:

$$\omega_4 = 0, \quad \omega_H = \omega_2, \quad \omega_W = \omega_3$$

由上两式可得:

$$i_{1W} = \frac{\omega_1}{\omega_W} = 1 + \frac{Z_2 Z_4}{Z_1 (Z_4 - Z_3)}$$

实际结构针轮与 RV 轮的齿数差 $(Z_4 - Z_3) = 1$。

故上式可列出：

$$i_{1W} = \frac{\omega_1}{\omega_W} = 1 + \frac{Z_2}{Z_1}Z_4$$

故知 RV 减速器可以实现大的传动比。

9.2.4　故障分析与维修

由于减速机运行环境恶劣，常会出现磨损、渗漏等故障，最主要的几种是：

（1）减速机轴承室磨损，其中又包括壳体轴承箱、箱体内孔轴承室、变速箱轴承室的磨损；

（2）减速机齿轮轴轴径磨损，主要磨损部位在轴头、键槽部等；

（3）减速机传动齿轮、RV 轮齿磨损；

（4）减速机结合面渗漏；

（5）输出端的销轴、销套变形和断裂。

构件磨损后，严重影响机器人的定位精度和运动精度。针对摩擦磨损问题，应保证减速器润滑良好，避免润滑污染。按维护保养要求，定期更换轴承和轮齿。对于磨损的轴，现多使用高分子复合材料的修复方法，其具有超强的黏着力、优异的抗压强度等综合性能。应用高分子材料修复，可免拆卸免机加工，既无补焊热应力影响，修复厚度也不受限制，同时产品将具有金属材料不具备的退让性，可吸收设备的冲击振动，避免再次磨损的可能，并大大延长设备部件的使用寿命，为企业节省大量的停机时间。

针对减速机漏油问题，应按维护保养手册定期更换轴封密封件。加油量不可超过油标尺刻度。对于减速机静密封点泄漏可采用新型高分子修复材料黏堵。如果减速机运转中静密封点漏油，可用表面工程技术的油面紧急修补剂粘-高分子 25551 和 90T 复合修复材料来堵漏。对于动密封点，由于密封件老化、质量差、装配不当、轴表面粗糙度高等原因，使得个别动密封点仍有微小渗漏，需要在设备停止运转后，擦拭轴上的油污。

构件断裂，将使机器人出现重大设备和人身事故。针对输出端的销轴、销套变形和断裂问题，避免超速超载运行，按维护保养手册要求，定期更换销轴和销套。

9.3　谐波减速器机构的故障分析与维修

9.3.1　谐波减速器的结构

谐波齿轮机构通常由谐波发生器凸轮 H、柔性齿轮 2 和刚性齿轮 1 三个基本构件组成，刚性齿轮-谐波发生器-柔性齿轮实现少齿差行星转动机构，如图 9.4 所示。

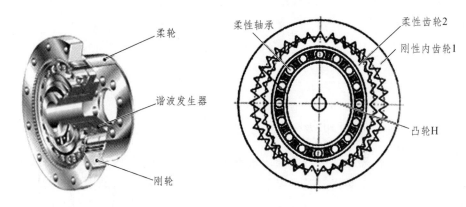

图 9.4 谐波齿轮传动的组成

9.3.2 谐波减速器的工作原理

谐波减速器的工作原理如图 9.5 所示。图中钢轮为固定件，波发生器 H 为主动件。当将波发生器装入柔轮的内孔时，由于前者的总长度（两滚子外侧之间的距离）略大于后者的内孔直径，故柔轮变为椭圆形，而迫使其长轴两端的齿插进钢轮的齿槽中，同时短轴两端的齿与钢轮的齿脱开。至于其余各处的齿，则视柔轮回转方向的不同，或者出于"啮入"状态，或者处于"啮出"状态。当波发生器回转时，柔轮长轴和短轴的位置随之不断改变，从而齿的啮合处和脱开处也随之不断改变，故柔轮的变形在柔轮圆周的展开图上是连续的简谐波形，因此，这种转动被称为谐波齿轮转动。

图 9.5 谐波减速器的工作原理

9.3.3　谐波减速器传动比分析

刚性齿轮 1-谐波发生器 H-柔性齿轮 2 组成行星转动机构，其相对传动比：

$$i_{12}^H = \frac{\omega_1 - \omega_H}{\omega_2 - \omega_H} = \frac{Z_2}{Z_1}$$

按构件固定方式不同，可分为以下三种情况：

刚性齿轮固定，$\omega_1 = 0$，其传动比：

$$i_{H2} = -\frac{Z_2}{Z_1 - Z_2}$$

柔性齿轮固定，$\omega_2 = 0$，其传动比：

$$i_{H1} = \frac{Z_1}{Z_1 - Z_2}$$

谐波发生器固定，$\omega_H = 0$，其传动比：

$$i_{12} = \frac{Z_2}{Z_1}$$

这种传动比接近 1，基本不用。

9.3.4　故障分析与维修

柔性轮周期地发生变形，易于疲劳损坏。瞬时传动比不稳定，啮合时有冲击，齿面磨损严重。

针对柔性轮变形和断裂问题，避免超速超载运行，按维护保养手册要求，应定期更换柔性轮。

对于齿面磨损情况，应保证减速器润滑良好，避免润滑污染。

9.4　摆线针轮减速器机构的故障分析与维修

9.4.1　摆线针轮减速器的结构

摆线针轮减速器由一个双偏心轴转臂 H、一个行星齿轮 1（摆线轮）和一个中心轮 2（针轮）等组成。行星齿轮的运动也是通过等速比销轴输出机构传到输出轴上的，其结构与少齿差行星轮系基本相同，所不同的是摆线针轮传动的行星齿轮采用摆线轮廓曲线，中心齿轮采用圆柱形针齿。它具有结构紧凑、质量轻、传动比大、工作平稳、使用寿命长等优点，如图 9.6 所示。

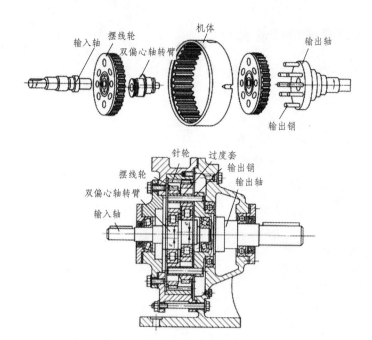

图 9.6 摆线针轮减速器的结构

9.4.2 摆线针轮减速器的工作原理

摆线针轮减速器的工作原理如图 9.7 所示。在摆线针轮传动中，行星齿轮的实际齿廓为变态外摆线的等距曲线。下面说明变态外摆线的形成过程：如图 9.8 所示，圆 1 和圆 2 内切，半径为 r_1 的圆为基圆 1，半径为 r_2 的圆为滚圆 2，且 $r_1 \leqslant r_2$，当滚圆 2 沿基圆 1 做纯滚动时，滚圆上一固定点的轨迹 $P_1P_2\cdots P_5$ 为一条外摆线，在滚圆外于滚圆固联的点 M 的轨迹 $M_1M_2\cdots M_5$ 为变态外摆线。内啮合摆线针轮传动就是以变态外摆线 $M_1M_2\cdots M_5$ 作为摆线行星齿轮 1 的理论齿廓曲线，以 M 点作为针轮 2 的理论针廓线，以变态外摆线 $M_1M_2\cdots M_5$ 的等距曲线 C_1C_5 作为摆线行星齿轮的实际齿廓曲线。可以证明，用上述方法形成的摆线行星齿轮齿廓和针轮齿廓是共轭齿廓，所以能满足定比传动的要求。

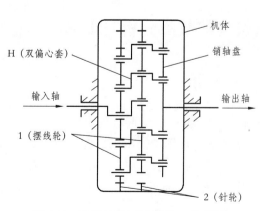

图 9.7 摆线针轮减速器的工作原理

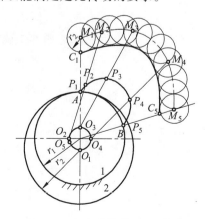

图 9.8 变态外摆线的形成过程

9.4.3　摆线针轮减速器传动比分析

摆线轮 1-双偏心轴转臂 H-针轮 2 组成行星转动机构，
其相对传动比：

$$i_{12}^{H} = \frac{\omega_1 - \omega_H}{\omega_2 - \omega_H} = \frac{Z_2}{Z_1}$$

针轮固定，$\omega_2 = 0$，其传动比：

$$i_{H1} = -\frac{Z_1}{Z_2 - Z_1}$$

实际结构针轮与摆线轮齿数差为 $Z_2 - Z_1 = 1$。
得：

$$i_{H1} = -Z_1$$

本章小结

本章主要介绍了 RV 减速器、谐波减速器及摆线针轮减速器的结构特点和机械原理，以及工业机器人减速器常见故障及处理方法。通过本章学习，应熟悉工业机器人减速器的结构及原理，掌握排除工业机器人减速器常见故障的方法。

思考题

1. 工业机器人减速器有哪些？
2. 试述 RV 减速器的工作原理及特点。
3. RV 减速器的常见故障有哪些？如何进行维修？
4. 试述谐波减速器的工作原理及特点。
5. 谐波减速器的常见故障有哪些？如何进行维修？
6. 试述摆线针轮减速器的工作原理及特点。
7. 摆线针轮减速器的常见故障有哪些？如何进行维修？

第10章　工业机器人总线接入故障分析与维修

　　总线接入技术是近年来迅速发展起来的一种工业数据传输技术，它主要解决工业现场的智能化仪器仪表、控制器、执行机构等现场设备间的数字通信以及这些现场控制设备和高级控制系统之间的信息传递问题。由于现场总线简单、可靠、经济实用等一系列突出的优点，因而受到了许多标准团体和计算机厂商的高度重视。总线是自动化领域中底层数据通信的核心网络。

10.1　总线接入技术概述

　　工业机器人最常见的总线接入技术有工业以太网、CAN 总线、PROFIBUS 总线及 PCI 总线等。其中，工业以太网是基于 IEEE 802.3 （Ethernet）的强大的区域和单元网络。工业以太网提供了一个无缝集成到新的多媒体世界的途径。企业内部互联网（Intranet）、外部互联网（Extranet）及国际互联网（Internet）提供的广泛应用不但已经进入今天的办公室领域，而且还可以应用于生产和过程自动化。继 10 Mb/s 波特率以太网成功运行之后，具有交换功能、全双工和自适应的 100 Mb/s 波特率快速以太网（Fast Ethernet，符合 IEEE 802.3u 的标准）也已成功运行多年。采用何种性能的以太网取决于用户的需要。通用的兼容性允许用户无缝升级到新技术。

　　工业以太网技术具有价格低廉、稳定可靠、通信速率高、软硬件产品丰富、应用广泛及支持技术成熟等优点，已成为最受欢迎的通信网络之一。近些年来，随着网络技术的发展，以太网进入了控制领域，形成了新型的以太网控制网络技术。这主要是由于工业自动化系统向分布化、智能化控制方面发展，开放的、透明的通信协议是必然的要求。以太网技术引入工业控制领域，其技术优势非常明显：

　　（1）Ethernet 是全开放、全数字化的网络，遵照网络协议的不同厂商的设备可以很容易实现互联。

　　（2）以太网能实现工业控制网络与企业信息网络的无缝连接，形成企业级管控一体化的全开放网络。

　　（3）软硬件成本低廉。由于以太网技术已经非常成熟，支持以太网的软硬件受到厂商的高度重视和广泛支持，有多种软件开发环境和硬件设备供用户选择。

（4）通信速率高。随着企业信息系统规模的扩大和复杂程度的提高，对信息量的需求也越来越大，有时甚至需要音频、视频数据的传输。当前通信速率为 10 Mb/s、100 Mb/s 的快速以太网开始广泛应用，千兆以太网技术也逐渐成熟，10 Gb/s 以太网也正在研究，其速率比现场总线快很多。

（5）可持续发展潜力大。在这信息瞬息万变的时代，企业的生存与发展将很大程度上依赖于一个快速而有效的通信管理网络，信息技术与通信技术的发展将更加迅速，也更加成熟，由此保证了以太网技术不断地持续向前发展。

事实上，机器人采用总线的方式还具有如下优点：

（1）增强了现场级信息集成能力。

现场总线可从现场设备获取大量丰富信息，能够更好地满足工厂自动化及 CIMS 系统的信息集成要求。现场总线是数字化通信网络，它不单纯取代 4～20 mA 信号，还可实现设备状态、故障、参数信息传送。系统除完成远程控制之外，还可完成远程参数化工作。

（2）具有开放性、互操作性、互换性和可集成性。

不同厂家产品只要使用同一总线标准，就具有互操作性、互换性，因此设备具有很好的可集成性。系统为开放式，允许其他厂商将自己专长的控制技术，如控制算法、工艺流程、配方等集成到通用系统中去，因此，市场上将有许多面向行业特点的监控系统。

（3）系统可靠性高，可维护性好。

基于现场总线的自动化监控系统采用总线连接方式替代一对一的 I/O 连线，对于大规模 I/O 系统来说，减少了由接线点造成的不可靠因素。同时，系统具有现场级设备的在线故障诊断、报警、记录功能，可完成现场设备的远程参数设定、修改等参数化工作，也增强了系统的可维护性。

（4）降低了系统及工程成本。

对大范围、大规模 I/O 的分布式系统来说，省去了大量的电缆、I/O 模块及电缆敷设工程费用，降低了系统及工程成本。

10.2　CAN 总线接入故障分析与维修

CAN 是 Controller Area Network 的缩写，是 ISO 国际标准化的串行通信协议。在汽车产业中，出于对安全性、舒适性、方便性、低公害、低成本的要求，各种各样的电子控制系统被开发了出来。由于这些系统之间通信所用的数据类型及对可靠性的要求不尽相同，由多条总线构成的情况很多，线束的数量也随之增加。为适应"减少线束的数量""通过多个 LAN，进行大量数据的高速通信"的需要，1986 年德国电气商博世公司开发出面向汽车的 CAN 通信协议。此后，CAN 通过 ISO11898 和 ISO11519 进行了标准化，在欧洲已是汽车网络的标准协议。

CAN 的高性能和可靠性已被认同，并被广泛地应用于工业自动化、船舶、医疗设备、工业设备等方面。现场总线是当今自动化领域技术发展的热点之一，被誉为自动化领域的计算机局域网。它的出现为分布式控制系统实现各节点之间实时、可靠的数据通信提供了强有力的技术支持。

CAN 属于现场总线的范畴，它是一种有效支持分布式控制或实时控制的串行通信网络。较之许多 RS-485 基于 R 线构建的分布式控制系统而言，基于 CAN 总线的分布式控制系统在以下方面具有明显的优越性：

（1）网络各节点之间的数据通信实时性强。

首先，CAN 控制器工作于多种方式，网络中的各节点都可根据总线访问优先权（取决于报文标识符）采用无损结构的逐位仲裁的方式竞争向总线发送数据，且 CAN 协议废除了站地址编码，取而代之以对通信数据进行编码，这可使不同的节点同时接收到相同的数据，这些特点使得 CAN 总线构成的网络各节点之间的数据通信实时性强，并且容易构成冗余结构，提高系统的可靠性和系统的灵活性。而利用 RS-485 只能构成主从式结构系统，通信方式也只能以主站轮询的方式进行，系统的实时性、可靠性较差。

（2）开发周期短。

CAN 总线通过 CAN 收发器接口芯片 82C250 的两个输出端 CANH 和 CANL 与物理总线相连，而 CANH 端的状态只能是高电平或悬浮状态，CANL 端只能是低电平或悬浮状态。这就保证不会再出现在 RS-485 网络中的现象，即当系统有错误，出现多节点同时向总线发送数据时，导致总线呈现短路，从而损坏某些节点的现象。而且 CAN 节点在错误严重的情况下具有自动关闭输出功能，以使总线上其他节点的操作不受影响，从而保证不会出现像在网络中，因个别节点出现问题，使得总线处于"死锁"状态。而且，CAN 具有的完善的通信协议可由 CAN 控制器芯片及其接口芯片来实现，从而大大降低系统开发难度，缩短了开发周期，这些是仅有电气协议的 RS-485 所无法比拟的。

（3）已形成国际标准的现场总线。

另外，与其他现场总线比较而言，CAN 总线是具有通信速率高、容易实现、性价比高等诸多特点的一种已形成国际标准的现场总线。这些也是 CAN 总线应用于众多领域，具有强劲的市场竞争力的重要原因。

（4）最有前途的现场总线之一。

CAN 即控制器局域网络，属于工业现场总线的范畴。与一般的通信总线相比，CAN 总线的数据通信具有突出的可靠性、实时性和灵活性。由于其良好的性能及独特的设计，CAN 总线越来越受到人们的重视。它在汽车领域上的应用是最广泛的，世界上一些著名的汽车制造厂商，如 BENZ（奔驰）、BMW（宝马）、PORSCHE（保时捷）、ROLLS-ROYCE（劳斯莱斯）和 JAGUAR（捷豹）等都采用了 CAN 总线来实现汽车内部控制系统与各检测和执行机构间的数据通信。同时，由于 CAN 总线本身的特点，其应用范围已不再局限于汽车行业，而向自动控制、航空航天、航海、过程工业、机械工业、纺织机械、农用机械、机器人、数控机床、医疗器械及传感器等领域发展。CAN 已经形成国际标准，并已被公认为几种最有前途的现场总线之一。其典型的应用协议有 SAE J1939/ISO11783、CANopen、CANaerospace、DeviceNet、NMEA 2000 等。

一般来说，CAN 总线系统的故障按其结构可分为三类：电源故障、总线连接节点故障和总线链路故障。

CAN 总线在机器人电源系统故障引起的电子控制模块的工作电压通常是 10.5 ~ 15.0 V。如果电源系统提供的工作电压太高或太低，都会影响到某些电控模块的正常工作，这会造成整个 CAN 总线系统的通信出现不畅通的情况。例如，电源系统提供的低工作电压会导致一些需要高工作电压的电气控制模块的短暂停止，从而阻止整个机器人的通信。

CAN 总线系统节点故障：节点连接到 CAN 总线控制单元，因此节点故障是控制单元的故障。它包括软件故障和硬件故障，软件故障意味着总线传输协议或软件程序中的缺陷或冲突，导致与 CAN 总线系统通信混乱或无法进行，这种故障通常是成批出现的。硬件故障通常是芯片或控制单元集成电路的故障，使机器人 CAN 总线系统不能正常工作。

CAN 总线系统链路故障：当通信线路出现短路、开路或不良接触时，发送信号将被扭曲或无法接收和发送信号，这种情况可能会出现多个控制单元无法正常发出和接收数据，严重时甚至会导致整个 CAN 总线系统瘫痪并且无法启动汽车，或者出现一些奇怪的故障。在 CAN 系统故障中，链路故障是最常见的。

常规 CAN 总线检测方法如下：

终端电阻值测量：在 CAN-H 与 CAN-L 两端的控制单元通常会通过两个 120 Ω 的终端电阻连接起来，故 CAN-H 与 CAN-L 之间的电阻通常为 60 Ω 左右。在检测过程中，可以将其中一个带有终端电阻的控制单元拆下来，观察总线之间的阻值是否有所改变，如果没有显著变动，这表明接线中可能存在某些故障，这可能是由于这个控制单元的电阻损耗或 CAN 总线的中断引起的。

电压测量：这种方法是测量 CAN-L 或 CAN-H 的对地电压。通常 CAN-L 的电压是 1.5 ~ 2.5 V，CAN-H 的电压是 2.5 ~ 3.5 V。

CAN 总线系统波形测量：CAN-H 线路与 CAN-L 线路分别具有特定的波形，故应将 CAN-H 与示波器的第一通道连接，将 CAN-L 与第二通道连接，公用的黑色端子接地。在同一界面下同时观察 CAN-H 和 CAN-L 的波形情况。

读取测量数据块：使用专用检测仪读取 CAN 总线系统的通信情况，根据检测结果判断故障的类型和产生的位置。

10.3　PROFIBUS 总线接入故障分析与维修

PROFIBUS 是过程现场总线（Process Field Bus）的缩写，于 1989 年正式成为现场总线的国际标准。在多种自动化的领域中占据主导地位，全世界的设备节点数已经超过 2 000 万。它由 3 个兼容部分组成，即 PROFIBUS-DP（Decentralized Periphery），PROFIBUS-PA（Process Automation），PROFIBUS-FMS（Fieldbus Message Specification）。其中 PROFIBUS-DP 应用于现场级，它是一种高速低成本通信，用于设备级控制系统与分散式 I/O 之间的通信，总线周期一般小于 10 ms，使用协议第 1、2 层和用户接口，确保数据传输的快速和有效进行。

PROFIBUS-PA 适用于过程自动化，可使传感器和执行器接在一根共用的总线上，可应用于本征安全领域；PROFIBUS-FMS 用于车间级监控网络，它是令牌结构的实时多主网络，用来完成控制器和智能现场设备之间的通信以及控制器之间的信息交换。主要使用主-从方式，通常周期性地与传动装置进行数据交换。

与其他现场总线系统相比，PROFIBUS 的最大优点在于具有稳定的国际标准 EN50170 作保证，并经实际应用验证具有普遍性。已应用的领域包括加工制造、过程控制和自动化等。PROFIBUS 开放性和不依赖于厂商的通信的设想，已在 10 多万成功应用中得以实现。市场调查确认，在德国和欧洲市场中，PROFIBUS 占开放性工业现场总线系统的市场超过 40%。PROFIBUS 有国际著名自动化技术装备的生产厂商支持，它们都具有各自的技术优势并能提供广泛的优质新产品和技术服务。

此外，PROFIBUS 还具有以下特点：

（1）最大传输信息长度为 255 B，最大数据长度为 244 B，典型长度为 120 B。

（2）网络拓扑为线型、树型或总线型，两端带有有源的总线终端电阻。

（3）传输速率取决于网络拓扑和总线长度，从 9.6 Kb/s 到 12 Mb/s 不等。

（4）站点数取决于信号特性，如对屏蔽双绞线，每段为 32 个站点（无转发器），最多 127 个站点（带转发器）。

（5）传输介质为屏蔽/非屏蔽双绞线或光纤。

（6）当用双绞线时，传输距离最长可达 9.6 km，用光纤时，最大传输长度为 90 km。

（7）传输技术为 DP 和 FMS 的 RS-485 传输、PA 的 IEC1158-2 传输和光纤传输。

（8）采用单一的总线方位协议，包括主站之间的令牌传递与从站之间的主从方式。

（9）数据传输服务包括循环和非循环两类。

现场总线发生的很多故障主要来自网段上的干扰，而干扰的主要原因是现场总线的不规范施工及设计引发的，根据调试及维护中发生的故障分析，原因有以下几个方面：

（1）现场总线链路没有终端电阻或者终端电阻拨码没拨到位，使电缆阻抗不连续，从而产生信号反射，影响通信质量。

（2）总线屏蔽线连接不规范，接线质量不高，使得链路多点接地或接地不良，对线路形成干扰。例如，接线箱内网段的干线电缆屏蔽线与支线电缆的屏蔽线没有可靠跨接，造成支线电缆屏蔽不接地；支线电缆与现场总线设备连接处被压扁，屏蔽线通过设备本体接地，造成屏蔽线两端同时接地。

（3）现场总线电缆敷设及使用不规范。电缆打结，弯曲半径过小，与可能造成干扰的动力电缆间隔距离过小且并行走线，甚至在同一桥架，也未采取金属隔板分隔措施，电缆通过复杂电磁环境（如变频器等强干扰源）或离开桥架后未用金属套管保护等。另外，使用了不合格的现场总线电缆，或将不同类型的总线电缆混用绞接，都会对现场总线产生干扰。

（4）现场总线网段划分设计不合理，线路长度超出设计要求。如某电厂设计的 PROFIBUS-DP 总线的通信速率为 500 kbit/s，支持的最大总线距离为 400 m；PROFIBUS-PA 总线的通信速率为 31.25 kbit/s，距离可达 1 900 m。若超长将影响末端设备的通信质量，也会影响同一链路其他设备的工作稳定性。

整个现场总线链路上任一硬件设备出现问题都会引发故障，下面对较为常见的故障进行分析。

个别现场总线设备故障成为网段的干扰源，使整个网段的通信出现故障。例如，某磨煤机下部返料调节挡板发生故障，挡板在某一开度频繁摆动，致使整条总线链路上的设备失联，把该执行机构调整修好后，整个网段的通信恢复正常。

PROFIBUS-PA 总线链路短路，DP/PA 耦合器停止工作，造成整条链路设备失联。引发短路原因可能是某个设备进水、某处电缆因受外力挤压、某处电缆因靠近热源而烤焦造成的。

由于工作环境温度高、粉尘较大等原因，使 DP/PA 耦合器自动停止工作，从而整条链路设备失联，更换 DP/PA 耦合器或待温度降低重新停送电后恢复正常工作。

现场总线更换设备后，在网段上找不到该设备。可能是由于地址设置与组态不匹配，有些设备在更改完地址后，需要重新通电后方能生效；或与同一链路上其他设备地址重复；或是设备与 DCS 中 GSD（电子设备数据库）文件版本不一致造成的。

可以采用的故障诊断方法有：

利用 DCS 组态，对整条链路上的相关设备信息进行查看，分析出大致的故障点，然后就地排查，确定故障点，在做好整条链路设备的相关安全措施后，进行故障处理；对于可编程逻辑控制器（PLC）系统的总线设备，借助硬件组态，在线查看模件信息判断故障点位置。

观察从站上 IMI153-2 模块、DP/PA 耦合器或 Y-LINK 耦合器、光电转换器（OLM）的 LED 指示灯，在发生故障时根据点亮指示灯的颜色和闪烁状态判断故障类型及故障区域。

利用 PROFIBUS 分析工具与已安装软件（PROFIBUS-Tester、ProfiTrace）的计算机连接，对总线链路进行检测及故障诊断。该连接具有超强数据统计分析及高速数字示波器等功能，可以检测终端电阻设置、总线地址设置、总线链路长度、通信质量等，为故障诊断定位提供依据，但是有时在连接设备时，需要更换接头，从而使链路中断，这也限制了其在线运行时的使用。

对于整条链路出现的故障，可以根据现场总线设备的位置及环境情况，优先检查所处环境恶劣、易发生故障的设备；或者使用折半查找法，即将总线链路中前半段设备接入总线链路，正确设置终端，后半段设备隔离，根据相关信息，判断故障点存在的区域，然后继续分段隔离，重复以上步骤直到确定故障点位置。

针对以上现场总线故障，结合规范和使用经验，从以下方面改善系统的安全性、稳定性。

确保每条总线链路首端和终端各有一个终端电阻，且接线正确、供电正常。

现场总线的电缆屏蔽层处理应规范，保证每条链路屏蔽层的连续性，每条链路屏蔽层在现场总线箱处与系统等电势相连，单点可靠接地。

使用合格的现场总线电缆，电缆敷设符合要求，与可能造成干扰的动力电缆最好布置在不同桥架；干扰强烈区域，最好单独布线。

对总线链路长度进行检测、路径优化，保证总线长度在规定范围内。

检查每个现场总线设备的总线地址是否设置正确，并与逻辑组态设置一致。

总线系统应用的智能型总线设备更新换代比较快，更换设备时，要注意型号版本，应与逻辑中使用的 GSD 文件版本一致，否则要导入新的 GSD 文件。

总线设备使用环境要符合要求，尽量安装在温度适宜的地方，现场设备也要注意防雨、防潮。

现场总线控制系统有许多优越性，但在实际应用中，因存在施工设计不规范、现场环境恶劣、电磁干扰、智能设备制造水平参差不齐等因素，使其可靠性下降，同时也因其故障诊断及处理难度大等原因限制了现场总线的发展空间。在维护初期要进行一次全面的排查优化，可以有效地控制现场总线故障，极大地提高可靠性。另外，硬件参数要设置正确，使用环境要符合要求，远离干扰源，发挥现场总线控制系统的优势。

10.4　PCI 总线接入技术的故障分析与维修

PCI 即 Peripheral Component Interconnect，中文意思是"外围器件互联"，是由 PCISIG（PCI Special Interest Group）推出的一种局部并行总线标准。PCI 总线是由 ISA（Industy Standard Architecture）总线发展而来的，ISA 并行总线有 8 位和 16 位两种模式，时钟频率为 8 MHz，工作频率为 33 MHz/66 MHz。它是一种同步的独立于处理器的 32 位或 64 位局部总线。从结构上看，PCI 是在 CPU 的供应商和原来的系统总线之间插入的一级总线，具体由一个桥接电路实现对这一层的管理，并实现上下之间的接口，以协调数据的传送。

从 1992 年创立规范到如今，PCI 总线已成为计算机的一种标准总线。已成为局部总线的新标准，广泛用于当前高档微机、工作站及便携式微机。主要用于连接显示卡、网卡、声卡。PCI 总线是 32 位同步复用总线。其地址和数据线引脚是 AD31 ~ AD0。PCI 的工作频率为 33 MHz。

PCI 总线的特点表现在传输速度方面——传输速率高，最大数据传输率为 132 MB/s，当数据宽度升级到 64 位，数据传输率可达 264 MB/s。这是其他总线难以比拟的。它大大缓解了数据 I/O 瓶颈，使高性能 CPU 的功能得以充分发挥，适应高速设备数据传输的需要。

采用 PCI 总线可在一个系统中让多种总线共存，容纳不同速度的设备一起工作。通过 HOST-PCI 桥接组件芯片，使 CPU 总线和 PCI 总线桥接；通过 PCI-ISA/EISA 桥接组件芯片，将 PCI 总线与 ISA/EISA 总线桥接，构成一个分层次的多总线系统。高速设备从 ISA/EISA 总线卸下来，移到 PCI 总线上，低速设备仍可挂在 ISA/EISA 总线上，继承原有资源，扩大了系统的兼容性。

PCI 总线独立于 CPU，PCI 总线不依附于某一具体处理器，即 PCI 总线支持多种处理器及将来发展的新处理器，在更改处理器品种时，更换相应的桥接组件即可。PCI 总线能自动识别与配置外设，用户使用方便。此外，PCI 总线还具有并行操作能力。

针对 PCI 总线故障设备，通过以下 3 项检测，即可判定该 PCI 设备本身是否存在故障，并可以定位故障点。

（1）判断系统能否顺利读 PCI 设备头标区信息，这决定了系统启动后能否顺利检测到该 PCI 设备。

通过读配置寄存器的值比较设备制造商 ID、产品 ID、设备所需地址空间等信息，若知道制造商 ID 或产品 ID 可以输出这些信息进行比对。主要查看 PCI 设备的头标区信息的 64 个字节能否正常读出。实现方法如下：

发送 FRAME # 有效，然后在 C/BE［3∷0］#上发送"1010"配置读命令，在 AD［31∷11］均设低电平（由于设计者可以任意选择 IDSEL 依附的 AD 引脚，因此这里为了确保选中所测 PCI 设备，使所有可能性 AD［31∷11］引脚均设为有效），在 AD［10∷8］引脚设置 PCI 设备的功能号（单功能设备必须实现 0 号功能，多功能设备也必须先实现 0 号功能，再进行 1 ~ 7 号的任意选择）。AD［7∷2］引脚设置寄存器号，AD［1∷0］必须为 00。

再在 7 个时钟周期内发送 IRDY#信号，同时置 FRAME#信号无效，等待 PCI 设备 TRDY#信号和 DEVSEL#信号，若 IRDY#和 TRDY#同时有效后，接收 AD［31∷0］数据，即为该 PCI 设备相应一个配置寄存器中的数据信息。

再置 IRDY#信号无效，等待 TRDY#和 DEVSEL#信号的撤销。

依次改变功能号和寄存器号，依次读出 PCI 设备头标区 16 个双字寄存器的内容。

（2）检测数据通道是否正常。对 PCI 设备头标区命令寄存器和状态寄存器能否进行正常读写。

收集上述有效的功能号。

发送 FRAME# 有效，然后在 C/BE［3::0］# 上发送"1010"配置读命令，在 AD ［31::11］均设低电平选中所测 PCI 设备，在 AD［10::8］引脚设置 PCI 设备的功能号，在 AD［7::2］引脚设置寄存器号 0x04H，AD［1::0］必须为 00。

再发送 IRDY#信号，同时置 FRAME#信号无效，等待 PCI 设备 TRDY#信号和 DEVSEL#信号，若 IRDY#和 TRDY#同时有效，接收 AD［31::0］数据即为该 PCI 设备相应状态命令寄存器（ 状态寄存器和命令寄存器各占一个字） 中的数据信息并保存起来。

再置 IRDY#信号无效，等待 TRDY#和 DEVSEL#信号的撤销。

写操作实现如下：

发送 FRAME# 有效，然后在 C/BE［3::0］#上发送"1011"配置写命令，在 AD ［31::11］均设低电平选中所测 PCI 设备，在 AD［10::8］引脚设置 PCI 设备的功能号，在 AD［7::2］引脚设置寄存器号 0x04H，AD［1::0］必须为 00。

再发送 IRDY#信号，同时置 FRAME#信号无效，等待 PCI 设备 TRDY#信号和 DEVSEL#信号，若 IRDY#和 TRDY#同时有效，C/BE［3::0］#上发送"0000"表示总线上的四字节数据均有效，发送 AD［31::16 ］=0000001111111111B，AD［15::0］= 状态寄存器保持不变（ 由于状态寄存器的可读/可写位均属于可置不可清位，且初始状态不好把握，不便变动），即向 PCI 设备相应状态命令寄存器（状态寄存器和命令寄存器各占一个字）中写入该数据。

再置 IRDY#信号无效，等待 TRDY#和 DEVSEL#信号的撤销。

同写操作一样，读取状态命令寄存器的值比较是否按照设定发生了变化。

再进行一次配置写操作，把 PCI 设备状态命令寄存器初值写回。

（3）测试 PCI 设备的数据校验响应能力。注意：检测完毕后，恢复命令寄存器奇偶校验响应位初始值。对 PCI 设备头标区命令寄存器奇偶校验响应位设为"1"有效，对 PCI 设备发出 I/O 写地址和写数据命令，发送地址和数据时强制 PAR 线状态变化，造成奇偶校验错误，会出现以下响应：在数据期时造成奇偶校验错误，则 PCI 设备状态寄存器的奇偶校验位应有效为"1"，同时在数据期结束的两个时钟周期内，PCI 设备的 PERR 引脚出现 1～2 个周期的低电平信号以报告数据奇偶校验错误。实现方法如下：

按照上述方法对 PCI 状态命令寄存器进行配置写操作，设置命令寄存器奇偶校验响应位及 SERR#使能位为"1"有效。

第二次进行配置写操作，这次在地址期时，把 PAR 信号反转（ PAR 的值要根据地址线 C/BE［3::0］、AD［31::0］和 PAR 数据中"1"的个数决定） ，造成奇偶校验错误。

检测 SERR#信号是否出现低电平信号。

第三次进行配置写操作，这次在数据期时，把 PAR 信号反转，造成奇偶校验错误。然后置 IRDY#信号无效，并置 FRAME#信号无效，等待 TRDY#和 DEVSEL#信号的撤销。检测是否在数据期结束后的两个时钟周期内，PERR 信号出现 1~2 个周期的低电平信号。

第四次对 PCI 状态命令寄存器进行配置写操作，恢复命令寄存器初值。

需要注意的是，系统错误 SERR#并非所有的设备都具有此响应，但 PCI 规范要求凡是具有 SERR#信号线的设备必须实现该功能，即在命令寄存器的 SERR#使能位必须置为"1"有效。

引起 PCI 设备故障的原因很多，不同功能特性的 PCI 设备有着各自的特性故障，这里所述检测技术主要检测判断 PCI 设备本身是否存在故障，对任何符合 PCI 总线规范的设备具有通用性。该检测技术可以定位 PCI 设备配置寄存器故障、奇偶校验故障以及数据通道故障，不足之处就是由于它是通用检测技术，无法精确定位 PCI 设备其他部位故障，但可以根据不同功能的 PCI 设备，拓展它的检测范围和精度。

本章小结

本章对工业机器人常用的 CAN、PROFIBUS 及 PCI 总线技术的特点进行了分析和介绍，其中还对这 3 种常用总线技术的故障特征进行了分析，并给出了一些诊断和解决方案。

思考题

1. 试分析 CAN、PROFIBUS 及 PCI 总线技术分别适用于什么场合的工业机器人？
2. CAN、PROFIBUS 及 PCI 总线技术他们之间的共同点有哪些？
3. 通过查阅资料，分析 ProfiNet（工业以太网）与本章中 3 种总线的差异和特点。
4. 分析 CAN、PROFIBUS 及 PCI 总线在数据传输方面的特点。
5. 归纳本章 3 种总线故障的共同点。
6. 分析 CAN 数据传输协议的特征。
7. 分析 3 种总线技术的硬件差异和共同点。

参考文献

[1] 陈黄祥. 智能机器人[M]. 北京：化学工业出版社，2012.

[2] 张培艳，栾楠. 工业机器人操作与应用实践教程[M]. 上海：上海交通大学出版社，2009.

[3] John J Craig. Introduction to Robotics Mechanics and Control Third Edition[M]. 北京：机械工业出版社，2006.

[4] Robin R Murphy. Introduction to AI Robotics[M]. 北京：电子工业出版社，2004.

[5] Saeed B Niku. Introduction to Robotics[M]. 北京：电子工业出版社，2013.

[6] 肖南峰. 工业机器人[M]. 北京：机械工业出版社，2011.

[7] 张爱红. 机床数控系统[M]. 北京：高等教育出版社，2009.

[8] 杨黎明. 机械原理[M]. 北京：高等教育出版社，2008.

[9] 刘振宇，徐方. 基于现场总线的工业机器人联网[J]. 信息与控制，2002，31（3）：277-279.

[10] 于慧亮，惠龙，徐方. 基于 CAN 的工业机器人内部通信总线设计[J]. 计算机工程，2005，31（11）：193-195.

[11] 苏炳恩. 基于 EtherCAT 总线的六轴工业机器人控制系统研究与开发[D]. 广州：华南理工大学，2013.

[12] 邬宽明. CAN 总线原理和应用系统设计[M]. 北京：北京航空航天大学出版社，1996.

[13] 蒋浩群. 浅析 CAN 数据总线常见故障的波形检测方法[J]. 科技风，2018（6）：155-155.

[14] 张志学，肖志怀，李朝晖. PROFIBUS 总线技术介绍[J]. 仪器仪表与分析监测，2001，17（5）：6-8.

[15] 梁红雨，李修成，陈楠，等. PROFIBUS 现场总线故障分析与处理[J]. 吉林电力，2016，44（3）：48-49.

[16] 尹勇，李宁. PCI 总线设备开发宝典[M]. 北京：北京航空航天大学出版社，2005.

[17] 黄高峰，叶清，HUANGGao-feng，等. PCI 总线设备的通用型故障检测技术[J]. 计算机应用，2010，30（s1）：191-194.